世界兵器解码
潜艇篇

北京中科鹦鹉螺软件有限公司　组编

高欣　冯伟　编著

机械工业出版社
CHINA MACHINE PRESS

潜艇是潜伏在水下的隐形杀手,同时这个称号也为它披上了一层神秘的面纱。为了满足广大军迷对潜艇的好奇心和求知欲,本书邀请了该领域权威专家通过专业视角为读者解码潜艇。首先从潜艇的基本概念、基本分类入手;然后解析了现役潜艇的典型代表,包括其性能、参数、内部结构;最后介绍了潜艇的基本战术运用、相关故事与战例等内容。特别值得一提的是,本书部分精美图片由专业软件建模团队负责呈现,让读者详细了解潜艇知识的同时还能够领略潜艇不一样的魅力。

图书在版编目(CIP)数据

世界兵器解码. 潜艇篇 / 北京中科鹦鹉螺软件有限公司组编;
高欣,冯伟编著. — 北京:机械工业出版社,2021.5(2025.9重印)
ISBN 978-7-111-68213-4

Ⅰ.①世… Ⅱ.①北… ②高… ③冯… Ⅲ.①潜艇–世界–通俗读物 Ⅳ.①E92-49

中国版本图书馆CIP数据核字(2021)第087448号

机械工业出版社(北京市百万庄大街22号 邮政编码
100037)策划编辑:韩伟喆 责任编辑:赵 屹 韩
伟喆责任校对:黄兴伟 责任印制:张 博
北京瑞禾彩色印刷有限公司印刷

2025年9月第1版第8次印刷
215mm × 225mm · 7.8印张 · 186千字
标准书号:ISBN 978-7-111-68213-4
定价:69.00元

电话服务　　　　　　网络服务
客服电话:010-88361066　机 工 官 网:www.cmpbook.com
　　　　　010-88379833　机 工 官 博:weibo.com/cmp1952
　　　　　010-68326294　金 书 网:www.golden-book.com
封底无防伪标均为盗版　机工教育服务网:www.cmpedu.com

序

《诗经·小雅·鹤鸣》中有一句耳熟能详的话，叫"他山之石，可以攻玉"。这里面包含了很强的辩证法和中国智慧，体现了中华传统文化中的"通变"思维，也是我们这个民族历经五千年不衰，且不断焕发活力的文化密码。

循着这样一个思维逻辑，无论是从历史还是从现实中，都能找到很多经得起历史和实践检验的经典案例。机械工业出版社出版的这套《世界兵器解码》系列图书，就是将"他山之石"为我所用、所鉴的一个很好探索。从这个角度看，这套《世界兵器解码》系列图书至少可以解决两个方面的问题：一个是透过这套书，可以了解当代世界主要武器装备或武器平台的基本情况和发展趋势，获得更宽阔的视野。另一个是，可以激发国民，尤其是年轻人对军事武器装备的兴趣，进而淬炼强军尚武的情怀。

当今世界新格局新形势下，在全社会加强国防教育和培养尚武精神的重要性更加凸显。全民皆兵、寓军于民这些传统的理念，都有了新的内涵和形式。为社会提供优质的军事科普书刊，则是为这样的传统理念注入新的知识、新的观念、新的动力的最好途径。现在一部分年轻男性存在的一个很大问题是缺乏阳刚之气和血性。国家领导人提出的要培养"四有"新一代革命军人的要求，其中很重要的一条就是要有血性。因为血性不仅是中国军人战斗力的精神内核，更是中华民族能够压倒一切敌人而不被敌人所压倒的英雄气概。我们发现一个十分有趣又值得深思的现象：越是国防意识强烈、军事科普知识丰富的年轻人，越是崇尚英雄硬汉。这就从一个侧面说明了军事科普的看得见与看不见的多重效应。

我长期从事军事新闻工作，退休后又继续从事军事文化研究。我们看到，近十多年来，军事科普读物，已经成为全民国防教育不可或缺的重要教材。其中，武器装备类的书刊，更是越来越受广大青少年所喜爱，并产生越来越大的影响力。机械工业出版社过往推出的一大批这方面的书籍，就产生了良好的反响和社会效益。我深度接触过许多军事文化爱好者特别是军迷群体中的朋友，从他们那里得知，一本好的军事科普书刊的影响力，真的大到局外人难以想象。有很多青少年读者，受一本书刊的影响，或者改变了自己的专业方向，或者发现了一个全新的思路，或者实现了某一场景下的弯道超车，或者准确预测出某项技术的走向，如此等等，不一而足。以致从读者群中催生出了一个个人才，成就了一项项事业。军事科普读物为什么会产生如此强大的效应？我想，应该是这样一个逻辑：武器装备，是作战理论、概念的物化和各项最新科学技术应用的终端集成，其读物，自然也就成为一座座知识宝库。这也正是有那么多人喜欢武器装备类书刊的原因所在。

基于这样一个认识和一个老军人的情怀，当这套书的作者带着书稿找到我时，我欣然同意为这套书作序。除了共识和情怀上的共鸣，这套书选取的题材和写作风格我也比较认可，无论是内容还是相应的图片都很吸引人，也有不少独到和创新之处。一个是内容比较系统。这套书对航空母舰、驱逐舰、潜艇、战斗机、轰炸机等武器装备都做了非常全面系统的梳理，内容丰富、结构严谨、逻辑性很强。这套书所选取的武器装备，既是世界各军事大国争相发展的重点，也是我军装备事业发展的主要方向。武器装备是军队现代化的重要标志，是国家安全和民族复兴的重要支撑。中国这样一个世界性大国，发展与国家地位相称、同国家发展利益相适应的军事力量至关重要，这是中华民族伟大复兴和我国有效应对世界百年未有之大变局的必然要求。我很欣喜地看到，这套书涉及到的武器装备，仅就其知识的完整性、系统性而言，就有不少可圈可点的价值。二是视角比较新颖。这套书在写作结构上比较注重创新，既有知识科普的内容，介绍相关的武器装备及作战性能，也有对内部设计、相关参数、优缺点评估等技术层面的深度解剖，还有作战样式、作战理论等的梳理和归纳。这些研究上的创新点，既有很好的知识性，也增加了趣味性，让人有继续读下去的愿望，很吸引人。三是研究上突出了思想性。一篇文章、一个报告乃至一本书有没有价值，关键看有没有思想，思想是一本书的灵魂。这套书，通过对大量公开资料的收集、归纳、整理，把冰冷的武器装备与一幅幅精彩的图片和应用案例剖析、历史经典战例解读等串起来，很有思想性，给人带来启发和思考，很是难得。

在人类社会发展的历史长河中，从冷兵器时代的刀枪剑戟、斧钺钩叉，到近代兵器的毛瑟枪、来复枪、火炮，再到现代的机枪、远程大炮、坦克、飞机、导弹、核武器、电子武器等热兵器，总有一种或几种武器在一段时间内独占鳌头、独领风骚，并在战争中尽显风流。尤其是伴随着军事高技术的迅猛发展，信息系统的超强指挥能力和武器系统全纵深打击能力的发展，"非接触性作战"已经成为高技术条件下局部战争的主要特点。所谓"非接触性作战"，就是充分利用战场情报获取能力和电子战优势，摸准对手"关键"地段或要害目标，实施突如其来的"非接触性"打击，通过重创敌人直接达成作战目的。而"非接触性作战"的基本前提条件是我方所拥有的作战装备能对敌要害目标实施精准打击。这套书所选取的武器装备，无疑都是"非接触性作战"的主要作战载体，也是当下世界军事舞台上的主角，在特定条件下甚至决定着战争的胜负，值得研究。我的一个体会：凡是出版物中的精品力作，一定都具备内容丰富、选题精彩、思想性和可读性强等突出特点。这套书，在很多方面满足了这些条件，相信它能成为那种一看就吸引人，拿起就放不下，打开就合不上的上品读物。

饶洪桥 于北京寓所

2021 年 3 月 1 日

目 录

CONTENTS

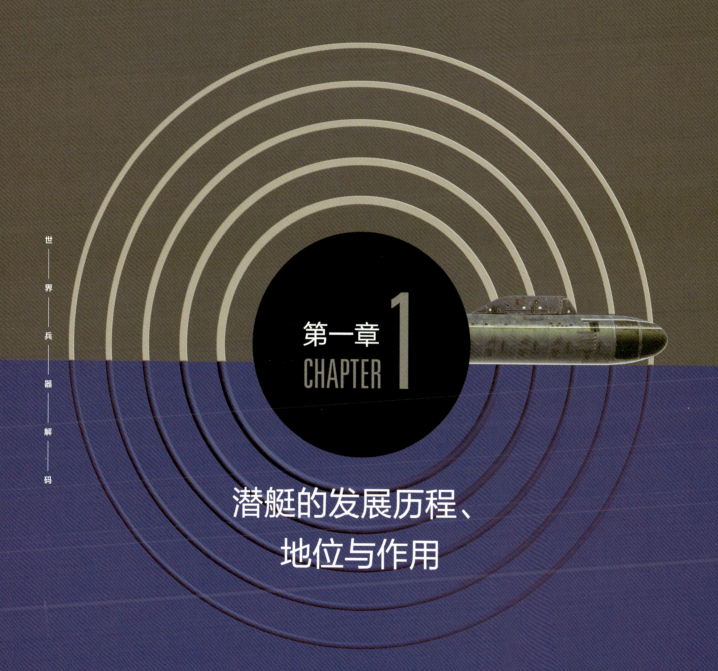

第一章
CHAPTER 1

潜艇的发展历程、
地位与作用

潜艇，又称潜水艇，是一种能潜入水下活动和作战的舰艇，属于海军主战装备。潜艇作战方式灵活多样，既能遂行战略、战役级任务，也可遂行战术级任务；既可以单独执行任务，也可与其他兵力协同进行联合作战。潜艇的使命任务主要包括：对陆上战略目标实施核打击或常规打击；进行海上机动作战，攻击敌方大中型水面舰艇和潜艇；为己方水面舰艇编队提供警戒和护航，保护己方海上交通线；封锁敌方港口、基地和重要航道，消灭敌方运输舰船，破坏敌方海上交通线；进行布雷、侦察、运输、援救和遣送特种部队登陆等任务。

台风级弹道导弹核潜艇。

最多可搭载 154 枚巡航导弹的俄亥俄级巡航导弹核潜艇。

"的里雅斯特"号深潜器搭载人类首次到达水下万米深度的"挑战者深渊"㊀。

　㊀　指太平洋马里亚纳海沟最深约 11000 米处的地方，同时也是世界上海洋最深的地方。　——编者注

问世初期

潜艇设计思想的萌芽出现于 16 世纪。据史料记载，1578 年，英国数学家威廉·伯恩（William Bourne）在他的著作《发明与设计》中首次描述了潜艇。尽管没有证据表明伯恩真正建造出了一艘潜艇，但是他的著作中阐述了颇具启发意义的潜艇设计理念：潜艇具有密封的舱室和数个压载水舱，可通过特定的方式使压载水舱中的水排出艇外，利用通气管来更新艇内的空气。但这些设计也并不完备，他对于动力和推进器还没能提出较为可行的设想。

"隐蔽的鳗鱼"在泰晤士河上表演。

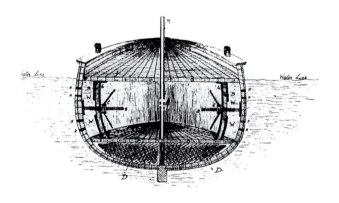

1578 年威廉·伯恩设计的潜艇草图。

1624 年，荷兰物理学家科尼利厄斯·德雷贝尔（Cornelius Drebbel）在英国展示了他设计制造的两艘潜艇——被称为"隐蔽的鳗鱼"的桨式潜水船。该船船体为木质，外部覆盖涂油牛皮，采用羊皮囊作为压载水舱，由船内伸出的木桨提供动力，可载 12 人，下潜 5 米。为赞颂德雷贝尔首次将潜艇实用化的突出贡献，人们给他冠以"潜艇之父"的美誉。

在美国独立战争中，耶鲁大学毕业生戴维·布什内尔（David Bushnell）设计制造了"海龟"号潜艇。"海龟"号的木质艇体呈鸡蛋形，可容纳一名艇员操纵方向舵和螺旋桨，压载水舱由两个水泵排水，艇员可通过操纵垂直螺杆将弹药置于敌方舰船龙骨上。1776 年，"海龟"号潜艇首次用于实战，目标是装有 64 门火炮的"鹰"号英国战舰。可惜的是"海龟"号未能首战告捷，后来"海龟"号又尝试了两次进攻，但均以失败告终。

美国南北战争再一次牵引了潜艇的发展。1863 年，南方联盟海军工程师霍勒斯·汉利（Horace Hunley）研制出新型潜艇。其艇体由废弃蒸汽锅炉改造而成，呈雪茄烟形状，长约 19 米，由手摇曲柄提供动力。但这艘潜艇可谓命运多舛，先后 3 次发生沉没事故，汉利也因相关事故丧生。为纪念设计师汉利，第四次打捞出水的该潜艇被命名为"汉利"号。1864 年 2 月 17 日夜，乔治·狄克逊上尉带领 7 名艇员驾驶"汉利"

号潜艇向北方联邦"豪萨托尼克"号护卫舰发动攻击，鱼雷将这艘拥有12门火炮的1800吨钢铁巨兽送入海底。令人扼腕的是，"汉利"号在返航中沉没，艇员全部死亡。

约翰·霍兰是一位站在巨人肩膀上的集大成者，1897年5月，霍兰成功研制出世界上第一艘现代潜艇——"霍兰VI"号（人们通常将其称为"霍兰"号）。该艇长约15米，采用双推进系统，水上以汽油发动机为动力，航速7节（1节=1.852千米/小时）时航程约1000海里（1海里=1.852千米）；水下以蓄电池和电机为动力，航速5节时航程约50海里。艇艏设一具鱼雷发射管，艇艉安装升降舵，上层建筑较小。"霍兰"号较好地解决了纵向稳定性、深度保持和上浮下潜等问题，降低了航行阻力，实现了鱼雷与潜艇的结合，是现代潜艇发展史上的一个里程碑，约翰·霍兰被誉为"现代潜艇之父"实至名归。

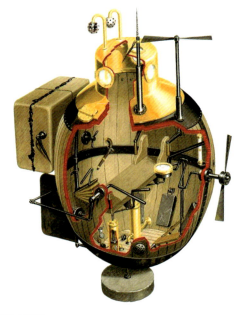

"海龟"号潜艇。

一战时期

第一次世界大战前，受"巨舰大炮主义"的影响，潜艇仅被作为一种防御性武器。多数国家海军虽然意识到其潜在的威力，但对潜艇在海战中的作用尚缺少

"汉利"号潜艇。

"霍兰"号潜艇。

⊖ 这里的"霍兰Ⅵ"号是美国的潜艇，和英国的"霍兰-1"号不是同一艘。 ——编者注

充分的认识。1888 年，法国率先列装潜艇。1898 年，法国的"古斯塔夫·齐德"号潜艇用鱼雷击沉了英国"马琴他"号战列舰，加快了潜艇在各国部署的步伐。美国、英国和俄国先后在 1900 年和 1901 年列装潜艇。德国的潜艇发展相对滞后，但其充分借鉴了别国在潜艇发展过程中的成功经验和失败教训。虽然这样耽误了部署潜艇的时间，却少走了不少弯路。德国凭借其在潜艇专用柴油机技术上的优势以及在潜艇作战使用上的独到见解，迅速缩小了与其他国家的差距，并在一战中取得了惊人的战绩。一战爆发前，世界部分国家潜艇部署情况如下表所示。

1914 年世界部分国家潜艇数量

国家	在役潜艇数量	在建或已订购的潜艇数量
英国	77	32
法国	45	25
美国	35	6
德国	29	19
俄国	28	2
意大利	18	2
日本	13	2
奥匈帝国	6	6

航行中的"古斯塔夫·齐德"号潜艇。

一战初期，潜艇活动区域主要在敌方基地港口周边或近岸海域，多采取伏击或者抵近的方式突袭敌基地港口中的舰船。随着战争形势需要和军工技术的快速发展，潜艇的航速、续航力、潜浮速度、潜深等性能都有了显著提升。潜艇的活动范围从近海走向了远洋，装备了鱼雷、火炮、水雷等武器的潜艇将传统的海战由水面延伸至水下，使海战场空间更加立体化。一战期间，各国潜艇共击沉战斗舰艇 192 艘，其中战列舰 14 艘、巡洋舰 20 艘、驱逐舰 36 艘。对于运输船来说，潜艇更是噩梦般的存在——有 6000 余艘运输船被潜艇击沉，总吨位约 1400 万吨，如此显著的战果使得各国对潜艇在海战中的地位作用不再怀疑。然而，战争力量总是在对抗中不断此消彼长，随着各交战国反潜能力不断提升，潜艇的隐蔽性优势在一定程度上被削弱，护航船队体制的推广成为潜艇的劲敌。到一战结束前，各国潜艇的累计损失达到 265 艘。

一战期间，潜艇中第一杀手当属德国的 U 型潜艇。U 型潜艇以非常快速的技术革新引领着潜艇的发展，"U-19"号潜艇是 U 型潜艇发展史上一座重要里程碑，它被认为是德国人发明的第一艘柴油机驱动的潜艇。"U-19"号作为第一批以远洋作战为目标的潜艇，其航速和水下潜航时间都得到了加强。甲板炮用于攻击水面运输舰船，鱼雷则作为远距离攻击大中型水面作战舰艇的重要手段。1914 年 9 月 5 日，"U-19"号潜艇的姊妹艇"U-21"号在苏格兰沿海成功击沉英国"探路者"号轻巡洋舰，这是一战中 U 型潜艇的首个战果。该艇指挥官奥托·赫尔辛成为 U 型潜艇最出色的指挥官之一，他在之后 3 年的 21 次巡航中击沉和重创了近 40 艘舰船。

德国海军首艘潜艇"U-1"号。

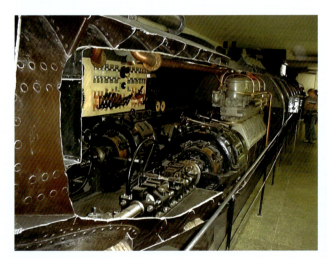

陈列在慕尼黑博物馆中的"U-1"号潜艇。

"U-21"和"U-19"号等U型潜艇在港中停泊。

"U-19"号潜艇主要性能指标

性能指标	"U-19"号潜艇数据
排水量	水上排水量约 546 吨 水下排水量约 669 吨
主尺度	艇长 64.15 米；艇宽 6.1 米；吃水 3.58 米
武器装备	4 具 500 毫米鱼雷发射管 1 门 88 毫米口径甲板炮
动力系统	1305 千瓦柴油机 894.8 千瓦推进电机
航速	水上最大航速 15.4 节 水下最大航速 9.5 节
艇员数	35 人

二战时期

如果说潜艇在一战中只是初露锋芒，那么潜艇在二战中则可谓是大展拳脚。二战爆发时，潜艇技术性能相比一战有了明显提升和发展。潜艇水下排水量一般可达 1500~2500 吨，水下航速约 10 节，续航能力超过 1 万海里，下潜深度达到 100~200 米，自持能力可维持 30 个昼夜，潜艇通常装备多具鱼雷发射管和 1~2 门舰炮。据统计，二战期间各国潜艇建造的总数达 1600 多艘，几乎是战前潜艇总数的 2 倍！潜艇击沉 5000 多艘运输商船，排水量累计 2000 多万吨，击沉击伤大中型军舰 381 艘，其中包括航空母舰、战列舰和巡洋舰等大型军舰 30 余艘。

1940 年秋，德国潜艇部队开始实施"狼群战术"，加之新式无线电报机和恩尼格玛密码机的应用，有力地保证了潜艇间的协同作战，德国潜艇部队空前的杀

德国海军将领卡尔·邓尼茨首创了潜艇的"狼群战术"。

伤力使得盟军海上运输船队损失惨重。为应对来自水下的威胁，盟军不得不加大反潜力量的部署，仅在大西洋海战中，英美两国就出动了 2000 多艘舰艇和数千架飞机执行反潜任务。装备高性能机载搜索雷达的战机可以不分昼夜开展海上搜索，使德国潜艇在水面航行的风险大幅上升。为应对海上不断严峻的作战形势，德国海军在 1943 年研制出潜艇通气管装置，使潜艇不用浮出水面，在水下以通气管航行状态即可完成对蓄

恩尼格玛密码机。

执行"狼群战术"的两艘U型潜艇。

电池的充电，避免了水面长时间暴露招致的盟军反潜兵力打击，潜艇的隐蔽性得到进一步提升。

　　二战中德国U型潜艇依旧表现最为抢眼。U-XXI级潜艇（又称21型潜艇，并非一战时"U-21"号潜艇）是德国海军建造的具有里程碑意义的潜艇，其先进的设计理念对战后世界各国潜艇发展产生重要影响。U-XXI级潜艇突出特点包括：采用双壳体，耐压壳体采用变截面结构，即中间部位采用8字形耐压壳体结构，而在艏艉部分则采用圆形耐压壳体结构，综合采用内外肋骨加强，使其艇壳破坏深度达到337.6米；采用流线型指挥室围壳，平整光滑甲板，取消艏锚和锚孔设计，减少上层建筑流水孔等一系列措施以降低水下航行阻力，从而实现了划时代意义的水下高速航行；大容量的蓄电池组保证了该级潜艇水下活动时间和机动能力；装备了水下通气管以进一步增强隐蔽性；采用先进的分段组装工艺，在不同造船厂分段建造，再把各分段送到总装厂组装，大幅提高了潜艇的建造效率。U-XXI级潜艇共建造118艘，尽管有如此之多的优点，但是因为潜艇存在质量问题，最终只有4艘潜艇通过试验投入实战。另外，战争末期德国有经验的潜艇艇员已经极度匮乏，导致U-XXI级潜艇出动次数非常少，最终大部分U-XXI级潜艇直接报废或沉没，其余被盟国瓜分。

美军缴获的德军 U-XXI 级潜艇。

修复后供参观的 U-XXI 级潜艇之一。

修复后供参观的 U-XXI 级潜艇之二。

U-XXI 级潜艇主要性能指标

性能指标	U-XXI 级潜艇数据
排水量	水上排水量约 1621 吨 水下排水量约 1819 吨
主尺度	艇长 76.7 米；艇宽 8 米；吃水 6.3 米
武器装备	6 具 533 毫米鱼雷发射管，可装载 23 枚鱼雷或 17 枚鱼雷加 12 枚水雷 1 门 105 毫米口径甲板炮
动力系统	2 台 4000 马力柴油机（1 马力 ≈0.735 千瓦） 2 台 5000 马力推进电机 2 台 226 马力低速推进电机 3 组蓄电池组，每组电池 124 块
航速	水上最大航速 15.6 节 水下最大航速 17.2 节 低速电机推进水下最大航速 6.1 节
续航力	以 10 节航速水面航行，航程为 15500 海里 以 6 节航速水下航行，航程为 340 海里
下潜深度	正常工作深度 225 米 最大下潜深度 270 米
艇员数	57 人

冷战时期

　　冷战期间，随着核动力技术的发展，加压水冷却反应堆（压水反应堆）和液态金属冷却反应堆被应用于潜艇动力系统。1954 年，美国"鹦鹉螺"号核潜艇服役，成为全世界第一艘核动力潜艇。1958 年该艇成

"鹦鹉螺"号核潜艇。

"海神"号核潜艇。

退役后的"K-3"号核潜艇。

量有可能遭到先发制人的攻击，而只有潜射弹道导弹能够躲过第一次核打击，并对敌实施核反击。1960年，美国"乔治·华盛顿"号弹道导弹核潜艇在卡纳维拉尔角成功发射2枚"北极星"中程弹道导弹，命中了2000多千米外的目标。随后，该艇进行了66天的水下战备巡航。之所以能取得上述成就，舰用惯性导航系统和舱内空气净化系统的应用功不可没。由此可见，弹道导弹核潜艇已经具备长期游弋在大洋深处的能力，

为世界第一艘在北极区域冰盖下航行的潜艇。1960年，美国核潜艇"海神"号完成环球潜航。苏联核潜艇的发展并没有落后于美国，1958年，苏联"共产主义青年团"号（"K-3"号）核潜艇服役。1962年，该艇成功在北极区域冰盖下航行。1963年，苏联"K-133"号核潜艇进行了环球航行。核动力完美地解决了潜艇的续航力问题，而潜艇水下自持力难题的破解，得益于电解水制氧技术的应用。此后动力和氧气不再是制约潜艇水下作战的限制条件，核潜艇潜航时间由柴电潜艇以小时计数变为以周和月来计数。真正影响核潜艇长时间部署的约束条件变为食物和淡水储备、机械设备的可靠性，以及艇员长期在封闭空间工作的心理承受能力等因素。

　　冷战中美苏两大阵营对峙引发的核军备竞赛，催生了弹道导弹核潜艇的出现，使潜艇的军事价值从战役战术级提升至战略级。1955年，苏联V611型"B-67"号柴电潜艇发射了由陆军"飞毛腿"弹道导弹改进的R-11FM导弹。美军同样认识到陆基和空基的战略核力

"乔治·华盛顿"号弹道导弹核潜艇。

"北极星"中程弹道导弹从水下发射。

随时可向敌国发动毁灭性的核打击。

在冷战时期，具有里程碑意义的潜艇是美国鲣鱼级攻击型核潜艇。该型潜艇充分吸收了"大青花鱼"号试验潜艇和"鹦鹉螺"号核潜艇的技术成果，具有以下突出特点：首次采用水滴线型艇体，降低了水下航行阻力；首次采用紧凑型压水反应堆；首次采用围壳舵布局，将指挥室围壳布置在靠近艇艏位置，并将艏水平舵移装到指挥室围壳上，在提高了操舵系统可靠性的同时避免了艏水平舵噪声对艇艏声呐的干扰；首次采用舱内多层甲板结构，使潜艇内部空间得以充分有效利用；采用单、双壳混合结构，使用了新型钢材制造耐压艇体；具有较好的居住性等。鲣鱼级攻击型核潜艇实现了水下 33 节的最大航速，使得核动力与水滴线型成为美国海军后续建造潜艇的标配。

鲣鱼级攻击型核潜艇。

鲣鱼级攻击型核潜艇主要性能指标

性能指标	鲣鱼级攻击型核潜艇数据
排水量	水上排水量约 3024 吨 水下排水量约 3494 吨
主尺度	艇长 76.8 米；艇宽 9.75 米；吃水 8.9 米
武器装备	6 具 533 毫米鱼雷发射管，可装载 24 枚鱼雷（含鱼雷管内的 6 枚）
动力系统	1 座 S5W 紧凑型压水反应堆 2 台蒸汽轮机，15000 马力 2 台柴油发电机组，2000 千瓦 1 台辅助推进电机
航速	水上最大航速 15 节 水下最大航速 33 节
自持力	水下 2500 小时
下潜深度	工作深度 213~220 米
艇员数	83 人

后冷战时期

冷战结束后，世界各国潜艇虽然规模逐渐缩减，但潜艇性能不断优化升级，呈现"减量增效"的总体发展态势。据不完全统计，1990 年以来世界各国在役潜艇的总数大约减少了 50%，从 20 世纪 90 年代初期的约 800 艘减少到约 400 艘。

2019 年世界部分国家潜艇数量
（根据 The Military Balance 年鉴整理）

国家	弹道导弹核潜艇数量	攻击型核潜艇数量（含巡航导弹核潜艇）	常规潜艇数量
美国	14	53	0
俄罗斯	10	25	23
英国	4	6	0
法国	4	6	0
印度	1	1	14
德国	0	0	6
日本	0	0	20

美海军共建造了 18 艘俄亥俄级弹道导弹核潜艇，为适应冷战后对陆常规打击作战任务需要，美海军将 4 艘服役时间最长的俄亥俄级弹道导弹核潜艇改装为巡航导弹核潜艇。同时，美国着手开展新一代哥伦比亚级弹道导弹核潜艇的研制。据报道，该型潜艇采用全寿命周期反应堆，避免了服役中更换核燃料的麻烦；取消螺旋桨，改为电力推进加泵喷系统，以期进一步提升水下安静性；将十字形尾舵改为 X 形尾舵，获得了更好的操纵性；搭载新型"三叉戟"潜射弹道导弹，

俄亥俄级弹道导弹核潜艇返回金斯湾海军潜艇基地。

"三叉戟"型潜射弹道导弹试射（一）。

精度更高，威力更大。除此之外，该艇还能够搭载无人潜艇，拓展了其任务空间。

冷战后，俄罗斯由于经济上的窘迫，潜艇发展并无太多亮点。直到 2012 年，由著名的红宝石设计局研制的北风之神级弹道导弹核潜艇才正式服役，而该艇的战技指标[一]相比美海军俄亥俄级弹道导弹核潜艇没有明显优势。虽然俄罗斯国内潜艇发展在低谷徘徊，同

○ 指战术技术指标。 ——编者注

"三叉戟"型潜射弹道导弹试射（二）。

北风之神级弹道导弹核潜艇。

样由红宝石设计局研制的基洛级潜艇却在国际打开了市场。基洛级潜艇以其噪声低、火力猛而著称，在世界常规潜艇中占有一席之地。

　　与此同时，英国用机敏级攻击型核潜艇替代日渐老旧的敏捷级和特拉法尔加级核潜艇，反映出英国海军由海向陆的战略转型。另外，英国继续保持 4 艘装备 16 枚美制"三叉戟 II"潜射弹道导弹的前卫级弹道导弹核潜艇用于战略威慑。2001 年，随着"乌埃桑"号常规潜艇退役，法国潜艇部队全部由核潜艇组成。其虽然规模不大，但基本能够维持长期的海上存在。法国凯旋级弹道导弹核潜艇是法国现役海基核力量的中流砥柱，其最突出的技术特点是采用了一体化自然循环反应堆，反应堆不仅体积小，而且自然循环能力达到 49%，且安全性高，在中低速航行时可以不启动主循环泵，保证了航行的安静性。说到安静性，不能不提到一个"小插曲"。2009 年 2 月，英国"前卫"号弹道导弹核潜艇与法国"凯旋"号弹道导弹核潜艇在大西洋中部发生碰撞，双方潜艇艇体均严重损伤，

机敏级攻击型核潜艇。

所幸事故没有造成人员伤亡和核泄漏，这个百万分之一的小概率事件恰恰折射出英法两国潜艇的水下安静性和探测技术处于旗鼓相当的水平，致使双方都没有探测到对方。

由于不依赖空气推进（AIP）技术的成熟和应用，使常规动力潜艇再次受到世界各国海军的瞩目。2007年，日本苍龙级潜艇下水，成为世界上继瑞典之后第二个采用斯特林发动机 AIP 系统的国家。该型潜艇在低速航行状态下，水下自持力可达 2~3 周。而德国选择了另一种技术路线，其 AIP 系统采用了燃料电池技术，潜艇水下自持力也可达到 2~3 周。

现代潜艇的使命任务不再局限于反舰和反潜，还能够执行对陆打击、情报搜集、特战支援等多样化任务，与海军水面舰艇相比，潜艇在达成作战任务的隐蔽性

"云龙"号潜艇。

和突然性上有着先天的优势。而随着军工科技的不断发展，一定会有更为强大的"钢铁黑鲨"在浩瀚的大洋之中游弋，寻找着它们的"猎物"。

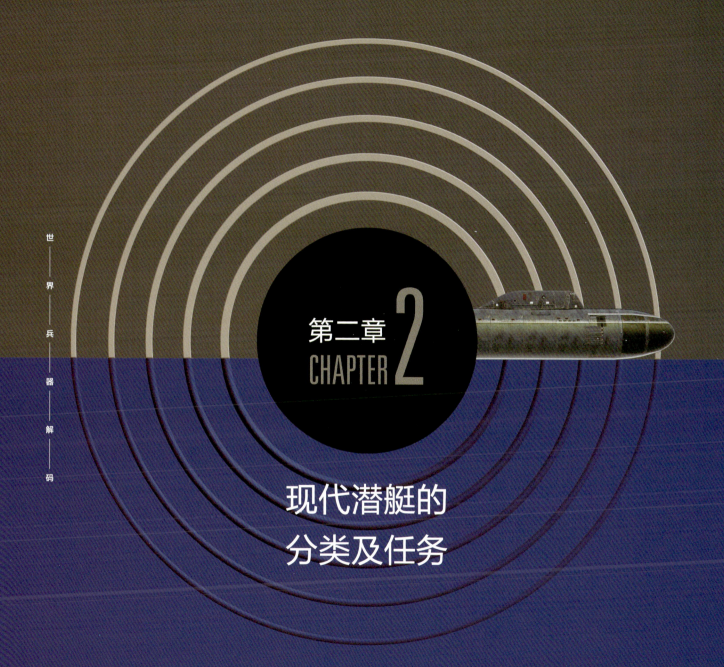

第二章

CHAPTER 2

现代潜艇的
分类及任务

以"霍兰"号潜艇的诞生为标志，现代潜艇至今已历经一百多年的发展。在这漫长的岁月中，随着军事需求的不断变化，潜艇呈现出渐进螺旋式的发展演进过程。进入二十一世纪以来，核动力技术、AIP 技术、减振降噪技术、电子信息技术等军事高技术的应用显著提高了潜艇的战技指标和作战性能。核潜艇、常规潜艇不断升级换代，现代潜艇总体上呈现出噪声低、动力强、航程远、潜深大、信息化水平高、任务多样化等发展趋势。

现代潜艇具有以下主要特点：

1. **高度的隐蔽性**。现代潜艇采用减振降噪技术、低噪声推进技术、敷设消声瓦等综合隐身技术使得一般的探测手段对于潜艇难以奏效，现代潜艇的活动区域通常在大洋深海之中，广袤的海洋为潜艇提供了天然屏障，复杂的海洋环境产生的干扰和杂波给声呐探测带来很大困难，缩短了声呐探测的有效距离。因此，现代潜艇相比于其他海军舰艇具有优良而独特的隐蔽性，这也是现代潜艇最主要的特征。

2. **持久的续航力**。现代常规动力潜艇在通气管状态的航程可达 10000 海里，应用 AIP 技术的潜艇水下连续潜航里程可达 1500~2000 海里。核动力潜艇理论上具有无限的水下续航力，这意味着核潜艇具有更大的作战半径，可以到远离本土的海域执行任务。

3. **出色的自持力**。现代潜艇综合应用了电解水制氧、有害气体处理、海水淡化等技术，使潜艇自持力得到显著提升，常规动力潜艇的自持力可达 45~60 天；核动力潜艇的自持力可达 90 天，但真正制约核潜艇自持力的因素主要是艇员的体力和精神状态。

4. **良好的机动性**。现代潜艇配备了强劲的动力系统、自动化的操控设备、可靠的潜浮系统和传动装置，具有较高的航速以及良好的操纵性，潜艇可以安全自如地进行上浮下潜、定深变深、定向变向等机动航行，机动性良好的潜艇能够迅速地停靠或驶离基地，安全地进出地形复杂的航道，隐蔽地接近敌方沿岸执行作战任务。

5. **强大的突击力**。现代潜艇携带武器的种类多、基数大，具有较强的独立作战能力，既可单艇作战，也可多艇作战，还可与水面舰艇部队、航空兵等兵种实施联合作战。潜艇通常配备鱼雷、导弹、水雷等武器对敌实施打击，而弹道导弹核潜艇搭载的潜射洲际弹道导弹具有强大的核威慑能力。由于潜艇具有隐蔽性的优势，其发动攻击具有突然性，令敌人防不胜防。

分门别类

潜艇最常见的分类方式是按其主动力装置的特点进行划分，通常分为常规动力潜艇和核动力潜艇。

常规动力潜艇

　　常规动力潜艇通常是指动力装置由柴油机、电机和蓄电池组组成的潜艇，也称为柴电潜艇。但是随着 AIP 潜艇的出现，常规潜艇已经不能简单地等同于柴电潜艇，因此我们可以将未采用核动力装置的潜艇统称为常规动力潜艇。而根据动力装置的传动形式不同，常规潜艇又可分为直接传动和间接传动两种。

　　直接传动是指柴油机、电机、艉轴及螺旋桨采用机械方式直接连接在一起的传动方式。水上航行时，由柴油机直接带动螺旋桨工作；水下航行时，由蓄电池组向电机提供电能，电机带动螺旋桨工作。在这种传动形式中，电机有发电机和电动机两种工况，发电机工况时，柴油机带动电机给蓄电池组充电，同时给用电设备供电；电动机工况时，由蓄电池组给电机供电，电机带动螺旋桨航行。

　　间接传动是指推进电机与艉轴及螺旋桨以机械方式连接，柴油机与发电机连接成柴油发电机组，柴油发电机组与螺旋桨没有机械连接的传动方式。潜艇在水上、水下航行时均由推进电机带动螺旋桨工作。水上航行时由柴油发电机组向推进电机供电，水下航行时由蓄电池组向推进电机供电。

　　除了上述传动形式外，AIP 装置的应用成为常规潜艇的一个发展趋势。AIP 是指不依赖空气推进的技术，主要技术解决方案有闭式循环柴油机、斯特林发动机和燃料电池。目前，AIP 装置主要作为辅助动力使用，即潜艇主动力运行时，潜艇可在中、高速航行，AIP 装置运行时，潜艇可在低速航行。

日本亲潮级潜艇。

瑞典哥特兰级潜艇。

荷兰海象级潜艇。

核动力潜艇

核动力潜艇是指以核动力装置为主动力的潜艇。核动力装置利用核燃料的可控裂变反应提供热源，通过热交换将核能转化为机械能和电能。之所以将核动力装置称为主动力，是因为在核动力潜艇上，通常还配备柴油机、电机、蓄电池等作为辅助动力，后者在核动力装置停止、故障、检修等特殊情况下，可作为应急推进动力使用。核动力装置不仅输出功率大，而且核反应堆运行不需要氧气，所以核动力潜艇能够实现高航速和长时间水下潜航。根据使命任务的不同，核动力潜艇通常可分为弹道导弹核潜艇、巡航导弹核潜艇和攻击型核潜艇等。

弹道导弹核潜艇是指以潜射洲际弹道导弹为主要武器的核动力潜艇，又称为战略导弹核潜艇或战略核潜艇。弹道导弹核潜艇通常具有排水量大、隐蔽性好、机动能力强、作战威力大等特点，其装备的潜射洲际弹道导弹射程远、命中精度高、毁伤能力强，可以打击敌国土纵深重要军事目标、政治目标、工业设施、交通枢纽，甚至对大中城市造成毁灭性打击，是海基战略核力量的重要组成部分，世界各核大国都将弹道导弹核潜艇作为其战略核威慑和核打击的重要手段。

巡航导弹核潜艇，又称为飞航导弹核潜艇，是指以巡航导弹或飞航导弹为主要武器的核动力潜艇。巡航导弹核潜艇作战任务具有一定弹性，当搭载的导弹装载核战斗部时，可作为战略核打击力量使用；当搭载的导弹装载常规战斗部时，又可作为常规打击力量使用。以欧美为代表的西方国家巡航导弹核潜艇通常装备巡航导弹，主要用于由海对陆的打击；俄罗斯巡航导弹核潜艇则主要搭载反舰导弹，主要用于攻击大中型水面舰艇。

攻击型核潜艇是指以鱼雷、战术导弹等常规武器作为主要打击手段的核动力潜艇。攻击型核潜艇主要

俄亥俄级弹道导弹核潜艇航行中。

弹舱盖开启的奥斯卡Ⅱ级巡航导弹核潜艇。

洛杉矶级攻击型核潜艇航行中。

波音公司研发的无人潜艇。

用于执行侦察搜索，为弹道导弹核潜艇、航母打击群和水面舰艇编队护航，对敌大中型水面舰艇、潜艇、陆地目标实施攻击等任务。随着攻击型核潜艇配备的武器不断多样化，其逐渐发展为综合性的水下攻击平台，在功能上对巡航导弹核潜艇、常规潜艇，甚至是对弹道导弹核潜艇都具有一定的替代性。

无人潜艇

常规动力潜艇和核动力潜艇通常都是有人驾驶的，随着信息技术的快速发展，无人潜艇呈现出迅猛的发展势头。

无人潜艇，又称无人潜航器（Unmanned Under-water Vehicle，UUV），是指搭载不同传感器和任务模块的水下自主航行装备，具有小型化、智能化、长航时、机动范围大、隐蔽性好等特点。无人潜艇可由飞机、舰艇携带到作战海域或从岸上直接布放，用于水下预警侦察、跟踪监视、布雷探雷、中继通信、海洋水文测量等任务，装载战斗部模块还可以实施反舰、反潜、对陆等攻击任务。

使命任务

现代潜艇承担的使命任务服从于各个国家的国家安全战略和军事战略。美国作为当今全球唯一的超级大国，其潜艇的使命任务用于支撑其维持霸权地位和全球利益。而俄罗斯、英国、法国等区域性大国，其潜艇的使命任务用于支撑其区域主导地位，及全球重要地缘战略区域利益的维护。德国、日本也属于区域大国，但由于贴有二战战败国的"标签"，其潜艇发展受到一定的约束，不能发展核动力潜艇，因此这两个国家潜艇的使命任务侧重于其国家周边海域利益的维护。虽然各国潜艇的使命任务存在着差异，但从总体上看，现代潜艇的使命任务主要包括以下六个方面：

● 对敌方实施战略核威慑和核打击

现代潜艇中的弹道导弹核潜艇是战略核打击力量的重要组成部分，与陆基洲际弹道导弹、战略轰炸机构成"三位一体"的核打击力量。在和平时期，弹道导弹核潜艇装载潜射弹道导弹在大洋深处巡航，对敌方实施核威慑；在战争时期，一旦本国遭到核打击，弹道导弹核潜艇将作为"二次核打击"力量对敌方实施核报复。冷战时期，弹道导弹核潜艇曾作为美苏两国实施"确保相互摧毁"战略目标的重要力量。

● 对敌方海上、陆地高价值目标实施常规打击

现代潜艇装备的鱼雷、导弹等武器，使其能够完成多样化的作战任务。潜艇装备的鱼雷和反舰导弹主要用于攻击敌大中型水面舰艇和潜艇，以攻击型核潜艇为例，利用其水下航速高、机动性好、下潜深度大的优势，可较长时间在敌舰航路上悄无声息地"守株待兔"，出其不意地对敌舰发动突袭。潜艇装备的巡航导弹（对陆攻击型），使潜艇具备了由海向陆的远程打击能力。海湾战争、科索沃战争中，美军多次从水下发射巡航导弹对敌陆上目标实施远程精确打击，达到了较好的作战效果。

● 打击敌方护航、运输船队

打击敌方护航、运输船队是现代潜艇，特别是常规潜艇一项主要的作战任务，常规潜艇相比核潜艇航速低、续航力弱，但其排水量小，水下机械噪声低，具有独特的隐蔽性优势。而敌方运输船队通常航速不高，即使配备护航力量，其综合反潜能力对于隐蔽设伏的潜艇也不具有致命性威胁。因此，潜艇打击敌方护航、运输船队，较好地发挥了其非对称作战优势。在二战中，德国潜艇出其不意地攻击，有效地破坏、瘫痪了盟军海上交通线。不仅使运输船队损失惨重，还牵制了盟军大量兵力用于运输船队的护航。

● 对敌方航路、基地、港口布放水雷

如果说潜艇待机设伏是一种带有主动性的"守株待兔"，那么潜艇布雷则类似猎人在森林中挖下陷阱，等待猎物自投罗网。潜艇可按照作战计划由水下隐蔽接近敌方航道、基地、港口等交通枢纽实施布雷，对敌方进行封锁。潜艇可通过鱼雷发射管布放非触发式水雷，近年来还发展出新型的机动式水雷，这种水雷可由潜艇在远距离布放，水雷自航到既定位置。另外，潜艇还可通过携带外挂式布雷装置实施布雷，大幅增加布雷数量。

● 对敌方实施侦察、监视、情报收集等任务

现代潜艇可对敌方基地、港口、航道、锚地、近岸水下设施、大陆架等实施长时间水下抵近侦察，隐蔽收集敌方情报信息，也可秘密输送间谍、特战人员上岸进行侦察或到敌方区域进行潜伏谍报活动。

● 对敌方实施特种作战，执行特殊任务

现代潜艇可担负在沿岸向陆地输送特战队员的特种作战任务，可在特定海域释放无人潜艇等无人作战平台。同时，潜艇还可担负水下运输作战物资器材等其他平台难以执行的任务。

战技标准

潜艇战术技术指标是衡量潜艇作战、使用性能的标值，是判断一艘潜艇性能优劣的重要标志。潜艇战术技术指标包括潜艇战术指标和技术指标两部分，前者主要是衡量潜艇战斗能力的定量或定性指标，包括续航力、航速、航海性能等，后者主要是保障潜艇战术性能实现的指标，包括潜艇的主尺度、艇体外形、排水量、动力装置功率等。战术技术指标反映出一艘潜艇的综合性能，指标之间是相互联系、相互影响、相互制约的关系，所以在下文介绍过程中不对战术指标和技术指标做严格区分。

主尺度

主尺度是表征潜艇外形大小的基本参数，能够较为直观地反映出一艘潜艇的大小，主尺度包含的指标有艇长、艇宽、艇高、干舷、吃水等。

艇长是潜艇艇体型表面艏艉端点在基线上的投影点之间的距离，也称总长度或最大型长度。

艇宽是艇体最大横剖面两舷型表面各对称点之间的最大距离，也称型宽或最大型宽度。

艇高主要由最大艇高和型高两个指标表征。最大艇高是指挥室围壳或升降装置导流罩表面顶点至基平面之间的距离，也称最大型深；型高是指潜艇中横剖面处基平面到上甲板下边缘之间的距离，也称型深。

干舷是潜艇中横剖面处设计水线到上甲板下边缘之间的距离。

吃水是表征潜艇外形及装载状态的重要指标，主要由设计吃水、艏吃水、艉吃水、平均吃水等指标表征。设计吃水是潜艇处于正浮状态，中横剖面处设计水线面与基平面线之间的距离；艏吃水是当潜艇有纵倾时，水线面与艏吃水标志线交点到基平面之间的垂直距离；艉吃水是当潜艇有纵倾时，水线面与艉吃水标志线交点到基平面之间的垂直距离；平均吃水是当潜艇有纵倾时，艏、艉吃水不同，中横剖面处的吃水为艏吃水和艉吃水的平均值。

排水量

排水量是指潜艇在水中所排开的水的质量，是表征一艘潜艇大小的重要指标，排水量包含的指标主要有正常排水量（水上排水量）、水下排水量、水下全排水量等。

正常排水量是潜艇正常装载人员、设备、物资、油料等载荷的排水量，载荷包括固体压载、备件、设备系统中的液体载荷，并按设计规定携带全部人员、淡水、蒸馏水、燃料、滑油、食品、弹药、供应品以及变动载荷。

水下排水量是正常排水量与全部主压载水舱中压载水质量的总和。

水下全排水量是潜艇主艇体及全附体外表面所围封的总体积所排开的水的质量，其值等于水下排水量加上非水密部分艇体进水的质量。

航海性能

潜艇航海性能是指潜艇静止地漂浮在水中时的均衡状态及航行、上浮与下潜过程等运动状态下的一系列特性的总称。航海性能包括浮性、稳性和不沉性等静力学性能和快速性、操纵性、适航性等动力学性能两部分。

浮性是指潜艇在一定的装载状态下，能够漂浮于水上一定的水线位置或在水下某一深度潜浮的能力。

稳性是指潜艇在外力扰动下发生倾斜，当外力消失后自行恢复到原来平衡位置的能力。

不沉性指潜艇在一定的破损条件下，维持潜艇生命力的能力，按照潜艇的航行状态可分为水上不沉性和水下不沉性。维持水上不沉性主要通过对主压载水舱实施注排水，使破损潜艇稳定地漂浮于水上；维持水下不沉性，除采用对主压载水舱实施注排水外，还可利用改变航速、调整舵角、调整艏艉纵倾平衡水舱间水位等方式，使水下破损潜艇能够安全上浮水面或维持水下机动航行。

快速性是指潜艇在给定的动力系统功率下能达到某个航速的能力，用于表征潜艇阻力与推进系统的综合性能。航速直接影响潜艇作战效能的发挥，潜艇航速越高则快速性越好。

操纵性是指潜艇借助其操纵装置来改变或保持潜艇的运动速度、姿态、方向和深度的能力。操纵性包含运动稳定性和机动性两个方面。运动稳定性是指潜艇受干扰后，维持原航行状态的能力；机动性是指潜艇改变航行状态的能力。操纵性的两个方面具有一定的矛盾性，运动稳定性要维持"不变"，机动性要快速"改变"。既稳定又灵活的潜艇才能够算得上具有良好的操纵性。

下潜深度

下潜深度通常是指海平面至潜艇深度计安装位置的距离，潜艇下潜越深，机动范围越大，能够增强水下隐蔽性，对于提高潜艇的综合作战能力具有重要意义。按潜艇潜航状态，通常分为工作深度、安全深度、极限深度、潜望深度、通气管工作深度等。

工作深度是指潜艇能长时间航行的最大下潜深度。

安全深度是指潜艇避免与水面舰船底部碰撞和被反潜飞机光学观察到的下潜深度，安全深度与水面舰船吃水深度、海水透明度等因素有关，一般在30~45米。

极限深度是指潜艇在整个服役期内下潜次数受限制的下潜最大深度。

潜望深度是指潜艇在水下升起潜望镜能够对水面和空中进行观察的深度，潜望深度与潜艇的种类和海况密切相关，一般为8~15米。

通气管工作深度是指潜艇在水下保证通气管装置高于水面，维持柴油机连续工作的深度，通气管工作深度一般小于潜望深度。

作战半径

作战半径是指潜艇为执行战斗任务从基地出发往返活动区域之间所能到达的最大距离，以海里作为计算单位。按照潜艇作战半径的不同，可将潜艇划分为近海作战潜艇、中近海作战潜艇、中远海作战潜艇、远洋作战潜艇等。

航速

航速是潜艇在水面或水下不同航行状态下的航行速度，是衡量一艘潜艇快速性优劣的主要战术技术指标，航速通常以"节"为计算单位。航速分为水上航速和水下航速。

水上航速是指潜艇处于水上状态时的航行速度。早期潜艇以水面活动为主，只有当需要隐蔽接敌时才转入水下航行，因此，水上航速和续航力是当时潜艇的主要战术技术指标。不过随着各国反潜能力的提高，现代潜艇战时在水面活动的可能性非常小。

水下航速是指潜艇处于水下状态时的航行速度，主要包括水下最高航速、水下经济航速、水下低噪声航速等。水下最高航速是指潜艇动力系统输出额定功率所能达到的航行速度。水下经济航速是指常规潜艇采用蓄电池供电，为实现最长的水下续航时间所采用的航行速度。水下低噪声航速是指为降低螺旋桨和水动力噪声，以及艇内机械噪声而采用的航行速度。

续航力

续航力是指潜艇正常装载出航所能达到的最大航程（通常以海里计）。常规潜艇续航力与潜艇航速密切相关，而核潜艇续航力理论上是没有限制的。按照常规潜艇的不同航行状态划分，常规潜艇续航力包括水面续航力、通气管续航力、水下续航力等指标。水下续航力可进一步分为水下最高航速续航力和水下经济航速续航力。

水下最高航速续航力是指蓄电池充满电后，用水下最高航速连续航行所能达到的最大航程，也可以用续航时间来表示。

水下经济航速续航力是指蓄电池充满电后，以给定的水下经济航速连续航行所能达到的最大航程。经济航速可以节约蓄电池电能，获得更长的水下续航时间。

自持力

自持力又称为自给力，是指潜艇在海上执行任务中不进行任何补给的情况下，独立在海上逗留的最长时间（通常以昼夜计）。自持力大小取决于食品、淡水、燃油、滑油等载荷的储备量，还取决于艇员身体和精神的耐受力。

水下逗留时间

水下逗留时间是指潜艇在不更换新鲜空气的条件下，依靠艇内空气再生装置能在水下一次连续航行或停留的最长时间，通常以小时计。水下逗留时间对于常规潜艇是重要的约束指标，水下逗留总时间应充分考虑满足自持力期间潜艇在水下停留时间的总和，包括航渡过程中的水下航行总时间、阵地待机水下总时间和意外情况水下停留时间等，核潜艇可通过电解水制氧技术和有害气体处理系统实现长时间的水下逗留。

隐蔽性

隐蔽性是潜艇通过采用一系列隐身技术措施对抗反潜探测，避免被发现或降低被发现概率的能力。隐蔽性是现代潜艇最核心的性能指标，直接影响潜艇作战能力和生存能力。潜艇隐蔽性分为声隐蔽性和非声隐蔽性。提高声隐蔽性一般可通过艇外表面敷设消声瓦、采用隔振装置、振动主动控制装置、消声器、涂贴阻尼材料、管路隔振等方式对潜艇进行优化。提高非声隐蔽性一般可通过对艇体消磁、降低红外辐射等方式对潜艇进行优化。

居住性

居住性是指潜艇为艇员战斗、工作和生活所提供的环境条件和日常服务保障。环境条件包括舱室位置、

现代潜艇的住舱。

舱室布置、通道设置、家具设计、空调、照明、甲板覆层、色彩及许可的噪声级等。日常服务保障包括食品、淡水、卫生、医疗、娱乐等。居住性虽不能直接产生战斗力，但却是保持艇员良好身心状态必不可少的因素。

作战能力

作战能力是指潜艇在典型作战环境中，执行任务、对抗威胁、打击敌方目标的能力。通常可用系统的效能来度量系统的作战能力。潜艇作战能力是潜艇各系统协同运转的结果，是潜艇综合性能的集中体现。

生命力

潜艇生命力亦称生存能力，是指潜艇及其各系统在自然环境中遇到事故、海损或在作战环境中遭受战斗损伤、破损时，保持或最大限度恢复其潜浮、航行、作战等战术技术性能的能力。它实质上是潜艇在典型作战环境中能够生存并保持或恢复继续完成规定任务能力的一种衡量标准。

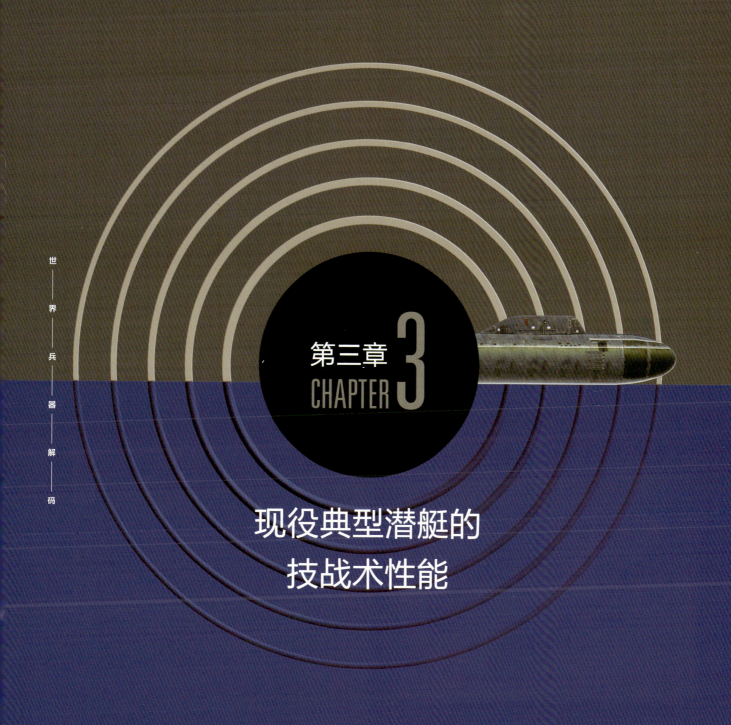

第三章
CHAPTER 3

现役典型潜艇的
技战术性能

俄罗斯北风之神级战略核潜艇

北风之神级战略核潜艇是俄罗斯第四代弹道导弹核潜艇，是"德尔塔"级和"台风"级弹道导弹核潜艇的后继型号，由俄罗斯著名的红宝石设计局设计，北德文斯克造船厂建造，西方称其为北风之神级，部署于北方舰队和太平洋舰队。北风之神级战略核潜艇将成为未来一个时期俄罗斯海上战略力量的基石。

"北风之神"是希腊神话四大风神之中的玻瑞阿斯，但这一级核潜艇的发展历程却没有什么神话色彩，而是充满了艰辛和坎坷。20世纪80年代中期，苏联高层听取海军的意见，对新一级弹道导弹核潜艇工程做出如下规定：新一级弹道导弹核潜艇主要作战目标为

955型战略核潜艇
北风之神级，是俄罗斯第四代战略核潜艇。

台风级是北风之神级的前一代弹道导弹核潜艇。

美国，同时要具有对全球任意战略目标的打击能力，其主要活动海域为北冰洋，为此该级艇应具有储备浮力大、艇体结构坚固等特点，便于在北极冰层下活动，并且能够突破冰层发射导弹。新艇工程代号为"955"，计划从1987年到1989年用时三年设计完成，苏联部长会议决定在德尔塔IV级第7艘完工后，开始建造北风之神级首艇。然而，还没等到这一天，苏联便宣告解体，俄罗斯接收了苏联解体后的这份财产，但是由于国民经济一蹶不振，"955工程"只能暂时搁置。

美苏两极格局被打破后，美国成为世界唯一超级大国，以其为首的北约不断向东扩张，俄罗斯战略空间不断被压缩，而俄罗斯唯一可与西方抗衡的核力量却由于国防开支的捉襟见肘，难以得到升级换代。俄罗斯认识到重塑"三位一体"的核打击力量的必要性，而其中的关键是弹道导弹核潜艇，俄海军不得不对尘封在档案袋中的"955工程"计划进行重新评估。1996年12月，在北德文斯克的北方机械制造厂里铺设了北风之神级战略核潜艇首艇"尤里·多尔戈鲁基"号的龙骨，然而资金短缺再次让建造工作陷入停滞，直到2004年，普京总统表示"即便把克里姆林宫卖掉，也要及时造出新一代核潜艇，因为这关系到俄罗斯的未来"。2008年，北风之神级战略核潜艇首艇下水，但由于核潜艇搭载的"圆锤"型潜射弹道导弹研制中遭遇重大技术瓶颈，首艇正式服役时间一拖再拖。匆忙服役的"亚历山大·涅夫斯基"号和"弗拉基米尔·莫诺马赫"号也没能解决弹艇结合的问题，这导致北风之神级战略核潜艇无法开展具有实质性战略威慑的海上巡航。

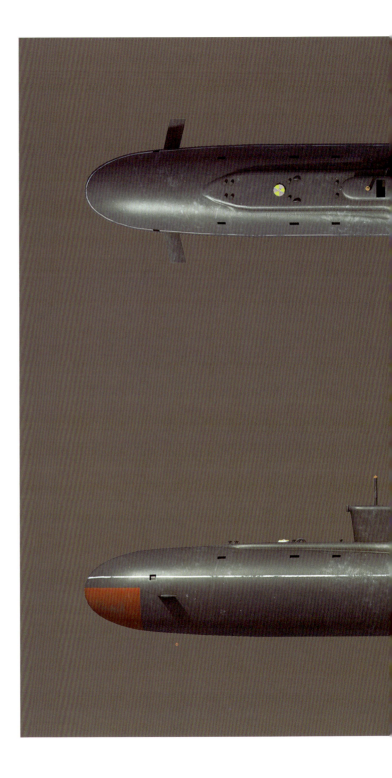

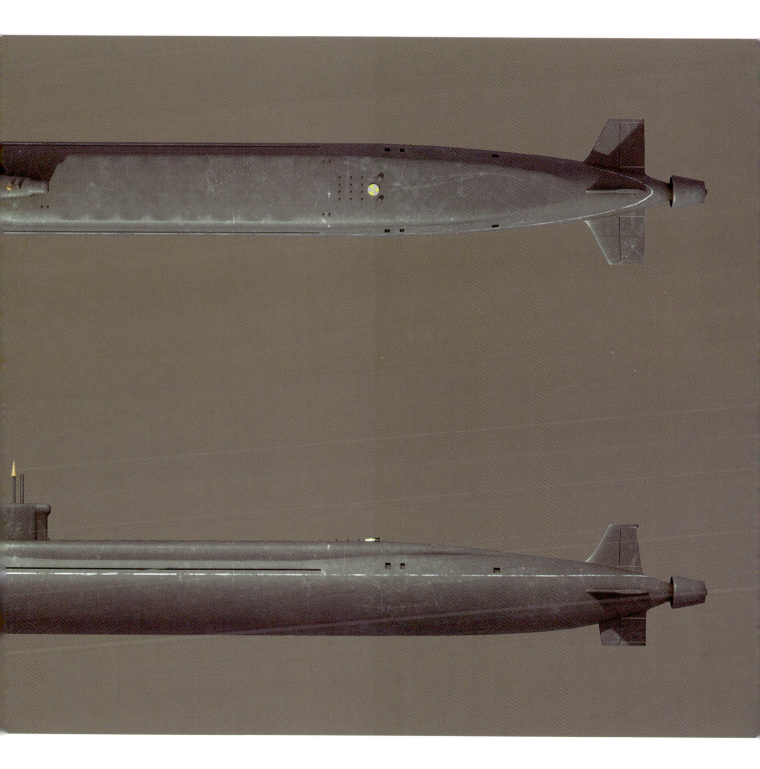

北风之神级弹道导弹核潜艇在造船厂中。

北风之神级弹道导弹核潜艇在码头。

"圆锤"型潜射弹道导弹在研发中暴露出较为严重的先天设计缺陷，截至 2016 年 10 月，该型导弹共试射 21 次，8 次宣告失败。试射失败多集中在导弹上升段，发射中出现了导弹出水后火焰尾喷管不能全部打开、二级火箭发动机达不到额定推力等问题。据分析，问题根源是该导弹母型为陆基弹道导弹，在适应性改进中出现陆基弹道导弹上艇"水土不服"的现象。技术问题最终还是得到了解决，2018 年，北风之神级战略核潜艇成功连射 4 枚"圆锤"型潜射弹道导弹，当年 6 月，艇弹通过整合验收，这标志着俄罗斯新一代海基战略核力量已形成有效威慑能力。

北风之神级弹道导弹核潜艇发射"圆锤"型潜射弹道导弹。

北风之神级战略核潜艇列表（已服役）

舷号	艇名	下水时间	服役时间	隶属部队	服役状态
K-535	"尤里·多尔戈鲁基"号	2008 年 2 月	2013 年 1 月	北方舰队	服役中
K-550	"亚历山大·涅夫斯基"号	2011 年 1 月	2013 年 12 月	太平洋舰队	服役中
K-551	"弗拉基米尔·莫诺马赫"号	2012 年 12 月	2014 年 12 月	太平洋舰队	服役中
K-549	"弗拉基米尔大公"号	2017 年 11 月	2020 年 6 月	北方舰队	改进为 955A，服役中

北风之神级战略核潜艇的排水量比美国俄亥俄级战略核潜艇还大，仅次于苏联时期建造的台风级战略核潜艇，代表了俄罗斯潜艇制造工艺的最高水平，综合性能上在当今世界居于领先位置。

北风之神级战略核潜艇的主要武器为16枚"圆锤"型潜射弹道导弹（也称为"布拉瓦"潜射弹道导弹，代号R-30）。"圆锤"型潜射弹道导弹由莫斯科热工技术研究所研发，沃特金斯克机械制造厂生产，是以陆基洲际导弹"白杨-M"为基础衍生出的潜射型导弹，该型导弹长约12.1米，直径约2米，重36.8吨，可携带6~10枚分导核弹头（每枚15万吨TNT当量），采用三级固体燃料火箭，射程8000千米，制导系统为惯性/星光/格洛纳斯复合制导，圆概率误差350米。为了应对美国构建的弹道导弹防御系统，"圆锤"型导弹提高了在飞行主动段的速度，避免在发射初始的上升阶段被反导系统摧毁，增强了弹体外壳强度，具备承受500米距离上核爆冲击的能力，加装了防辐射及电磁干扰的防护罩，在弹头中增加末端助推系统和诱饵装置，使得弹头在末段再入大气层飞行中可自行机动并调整攻击方向，配合诱饵使用进一步提升了突防能力。

北风之神级战略核潜艇装备有6具533毫米鱼雷发射管，可发射鱼雷和SS-N-16型反潜导弹。北风之神级战略核潜艇还装备有SA-N-8型近程防空导弹，能够应对来自空中的威胁，综合防御能力强悍。

北风之神级战略核潜艇具有优秀的综合隐身能力，该艇在辐射噪声、红外特征、磁性特征、尾流特征等方面都采取独到的抑制措施。最值得一提的是其声隐身技术，设计师对艇内机械装置进行了专门的降噪设计，主机等主要噪声源安装了整体浮筏式双层减振基座及隔声罩，艇体采用了近似拉长的水滴线型，既保证了高航速，又减少了艇体与水流之间的摩擦噪声。另外，艇体表面还敷设了高效消声瓦，厚度超过150毫米，这一系列的综合措施使该艇安静性较阿库拉级和奥斯卡级等上一代核潜艇有了进一步提升。据推测，北风之神级战略核潜艇水下航行噪声仅为108分贝，小于上一代潜艇的115分贝，比向来以安静性著称的美国俄亥俄级战略核潜艇的110分贝还要低。

北风之神级战略核潜艇主要战术技术指标

战技指标	指标参数
排水量	水上17000吨；水下24000吨
主尺度	艇长170米；艇宽13.5米；吃水9米
下潜深度	工作深度380米；极限深度450米
动力系统	1座OK-650B压水反应堆，1台蒸汽轮机，功率50000马力泵喷推进
航速	水面最高15节；水下最高29节
艇员	107人（军官55人）
鱼雷	6具533毫米鱼雷发射管
导弹	16座垂直发射筒，16枚"圆锤"潜射洲际弹道导弹（采用三级固体燃料火箭，每枚6-10个分导弹头，射程大于8000千米，惯性+星光+格洛纳斯复合制导，圆概率误差350米）
续航力	无限
自持力	60天

美国俄亥俄级战略核潜艇

　　俄亥俄级战略核潜艇是美国海军第四代弹道导弹核潜艇，1974 年开始设计建造，属于美苏两大阵营冷战时期的产物，是美国贯彻"三位一体"核打击思想的海基战略核力量。虽然俄亥俄级战略核潜艇诞生在 20 世纪，但通过持续的升级改造，依旧是迄今各国海军中最先进的一型战略核潜艇。俄亥俄级战略核潜艇共建造 18 艘，其中 4 艘被改装为巡航导弹核潜艇（SSGN），该级潜艇目前均在美国海军服役，分别隶属于华盛顿州基察普海军潜艇基地和佐治亚州金斯湾海军潜艇基地。

　　俄亥俄级战略核潜艇的首艇为"俄亥俄"号（USS Ohio SSBN/SSGN-726），依照同级艇中的首艇命名原则，该型核潜艇命名为俄亥俄级，除了为纪念已逝华盛顿州参议员亨利·M. 杰克逊而以人名命名的"亨利·M. 杰克逊"号（SSBN-730）外，其他俄亥俄级战略核潜艇均以美国各州命名。

俄亥俄级战略核潜艇
是美国海军 1976 年开始建造的一级核动力潜艇，
共有 18 艘俄亥俄级潜艇在美国海军中服役。

俄亥俄级弹道导弹核潜艇在造船厂中建造。

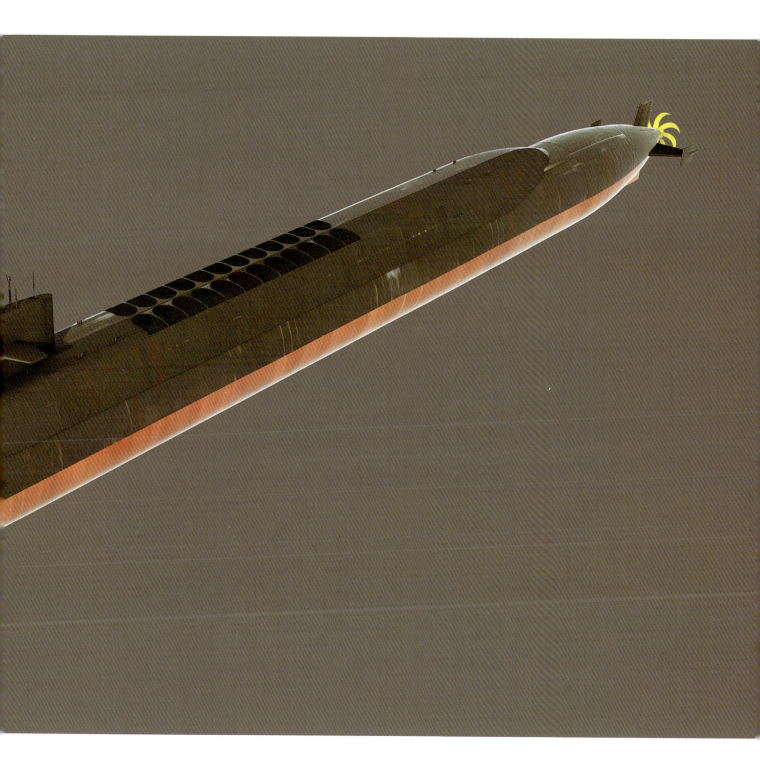

俄亥俄级弹道导弹核潜艇开启导弹发射筒。

俄亥俄级弹道导弹核潜艇在基察普海军基地。

俄亥俄级弹道导弹核潜艇指挥室围壳及升降装置。

俄亥俄级弹道导弹核潜艇被拖船拖带航行。

俄亥俄级战略核潜艇列表

舷号	艇名	下水时间	服役时间	母港	服役状态
SSGN-726	"俄亥俄"号	1979 年 4 月	1981 年 11 月	华盛顿州基察普海军潜艇基地	服役中（已改装为巡航导弹核潜艇）
SSGN-727	"密歇根"号	1980 年 4 月	1982 年 9 月	华盛顿州基察普海军潜艇基地	服役中（已改装为巡航导弹核潜艇）
SSGN-728	"佛罗里达"号	1981 年 11 月	1983 年 6 月	佐治亚州金斯湾海军基地	服役中（已改装为巡航导弹核潜艇）
SSGN-729	"佐治亚"号	1982 年 11 月	1984 年 2 月	佐治亚州金斯湾海军基地	服役中（已改装为巡航导弹核潜艇）
SSBN-730	"亨利·M. 杰克逊"号	1983 年 10 月	1984 年 10 月	华盛顿州基察普海军潜艇基地	服役中
SSBN-731	"亚拉巴马"号	1984 年 5 月	1985 年 5 月	华盛顿州基察普海军潜艇基地	服役中
SSBN-732	"阿拉斯加"号	1985 年 1 月	1986 年 1 月	佐治亚州金斯湾海军基地	服役中
SSBN-733	"内华达"号	1985 年 9 月	1986 年 8 月	华盛顿州基察普海军潜艇基地	服役中
SSBN-734	"田纳西"号	1986 年 12 月	1988 年 12 月	佐治亚州金斯湾海军基地	服役中
SSBN-735	"宾夕法尼亚"号	1988 年 4 月	1989 年 9 月	华盛顿州基察普海军潜艇基地	服役中
SSBN-736	"西弗吉尼亚"号	1989 年 10 月	1990 年 10 月	佐治亚州金斯湾海军基地	服役中
SSBN-737	"肯塔基"号	1990 年 8 月	1991 年 7 月	华盛顿州基察普海军潜艇基地	服役中
SSBN-738	"马里兰"号	1991 年 8 月	1992 年 6 月	佐治亚州金斯湾海军基地	服役中
SSBN-739	"内布拉斯加"号	1992 年 8 月	1993 年 7 月	华盛顿州基察普海军潜艇基地	服役中
SSBN-740	"罗得岛"号	1993 年 7 月	1994 年 7 月	佐治亚州金斯湾海军基地	服役中
SSBN-741	"缅因"号	1994 年 7 月	1995 年 7 月	华盛顿州基察普海军潜艇基地	服役中
SSBN-742	"怀俄明"号	1995 年 7 月	1996 年 7 月	佐治亚州金斯湾海军基地	服役中
SSBN-743	"路易斯安那"号	1996 年 7 月	1997 年 9 月	华盛顿州基察普海军潜艇基地	服役中

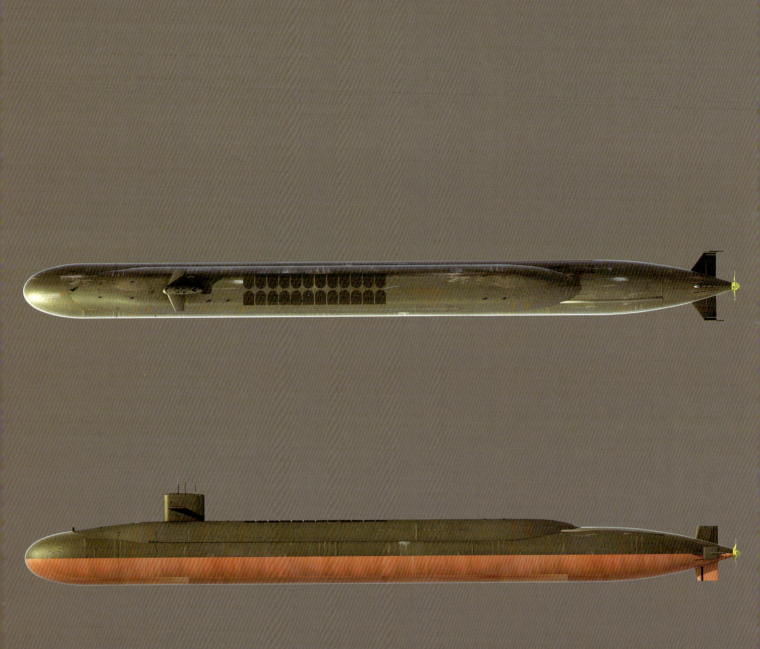

俄亥俄级战略核潜艇是美国海军建造的体型最大的潜艇，仅次于俄罗斯的台风级和北风之神级战略核潜艇，具有优异的综合性能。

俄亥俄级战略核潜艇的主要武器为 24 枚威力巨大的"三叉戟"系列潜射弹道导弹，是名副其实的海上核武库。首批 8 艘俄亥俄级潜艇装备了洛克希德公司研发制造的"三叉戟 I"型（UGM-96）潜射弹道导弹，该型导弹长约 10.4 米，直径约 1.8 米，可携带 6 枚分导核弹头（每枚 10 万吨 TNT 当量），采用三级固体火箭推进，射程 7400 千米，制导系统为惯性 / 星光复合制导，圆概率误差 450 米。第九艘"田纳西"号（SSBN-734）搭载的潜射弹道导弹升级为"三叉戟 II"型（UGM-133），该型导弹长约 13.6 米，直径约 2.1 米，可携带 8~12 枚分导核弹头（每枚 10 万吨 TNT 当量），采用三级固体火箭推进，理论最大射程 11000 千米，制导系统为惯性 / 星光 /GPS 复合制导，圆概率误差 90 米。2000 年，美国海军开始将"三叉戟 I"陆续更换为"三叉戟 II"型，至 2008 年中期全部更换完毕。"三叉戟 II"型导弹向来以高可靠性著称，据报道，截至 2019 年，已经成功试射 170 余次，预计可服役至 2040 年。

除了潜射洲际弹道导弹，俄亥俄级战略核潜艇还装备有 4 具 MK68 型 533 毫米鱼雷发射管，可发射 MK-48 型鱼雷。MK-48 型鱼雷采用线导加主 / 被动声自导，在航速 40 节时，射程为 50 千米；航速 55 节时，射程为 38 千米，战斗部重 267 千克，可对深度 900 米以内的目标实施攻击。

俄亥俄级战略核潜艇主要战术技术指标

战技指标	指标参数
排水量	水上 16764 吨；水下 18750 吨
主尺度	艇长 170.7 米；艇宽 13 米；吃水 10.8 米
下潜深度	极限深度 240 米
动力系统	1 座 S8G 压水反应堆，2 台蒸汽轮机，功率 60000 马力，1 台辅助推进电机，功率 325 马力
航速	水面最高 12 节；水下最高 24 节
艇员	155 人（军官 15 人，士官士兵 140 人）
鱼雷	4 具 533 毫米鱼雷发射管
导弹	24 座垂直发射筒，24 枚"三叉戟 II"型潜射洲际弹道导弹（采用三级固体燃料火箭，每枚 12 个分导弹头，射程大于 11000 千米，星光 +GPS+ 惯性复合制导，圆概率误差 90 米）
续航力	无限
自持力	90 天

英国前卫级战略核潜艇

　　前卫级战略核潜艇是英国皇家海军第二代战略核潜艇，首艇于1986年在英国维克斯造船公司开工建造，陆续建造4艘，分别为"前卫"号（HMS Vanguard S28）、"胜利"号（HMS Victorious S29）、"警戒"

前卫级弹道导弹核潜艇准备下水。

前卫级弹道导弹核潜艇维修中。

前卫级战略核潜艇
是英国在20世纪80年代研制的第二代战略核潜艇。

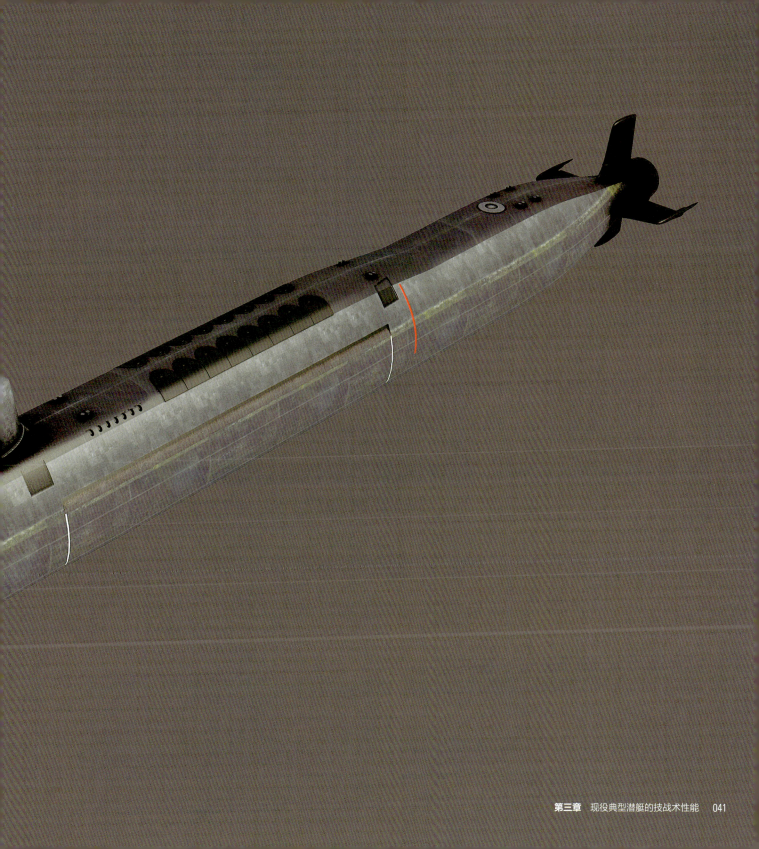

号（HMS Vigilant S30）与"复仇"号（HMS Vengeance S31）。四艘前卫级战略核潜艇均服役于英国皇家海军，是英国现役唯一的战略核打击平台，四艘艇基本能够满足英国海上经常性战备巡航的最低要求。

前卫级弹道导弹核潜艇航行中。

前卫级弹道导弹核潜艇在船坞中。

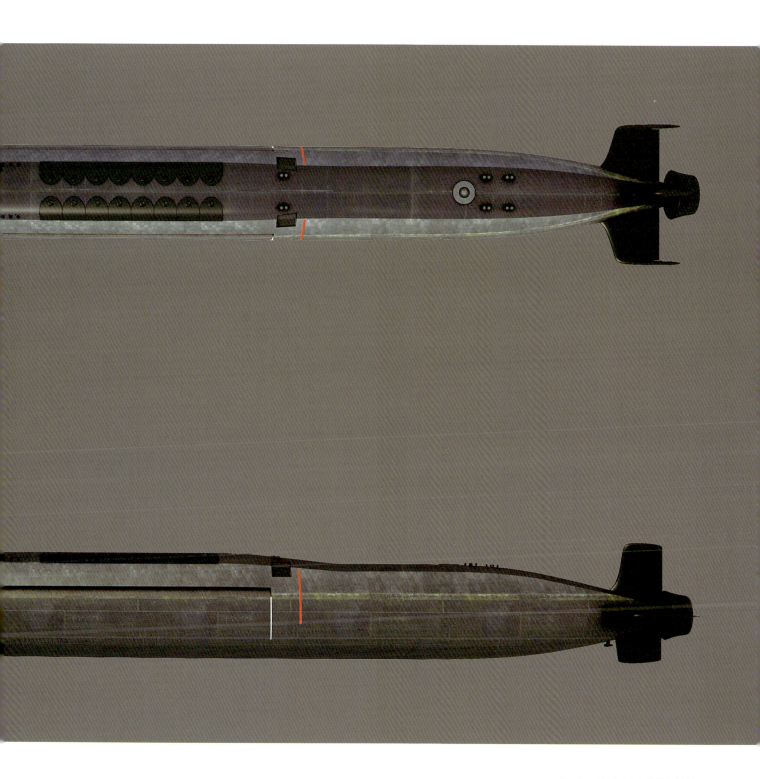

前卫级战略核潜艇列表

舰号	艇名	下水时间	服役时间	隶属部队	服役状态
S28	"前卫"号	1992 年 3 月	1993 年 8 月	英国皇家海军	服役中
S29	"胜利"号	1993 年 9 月	1995 年 1 月	英国皇家海军	服役中
S30	"警戒"号	1995 年 10 月	1996 年 11 月	英国皇家海军	服役中
S31	"复仇"号	1998 年 9 月	1999 年 11 月	英国皇家海军	服役中

前卫级战略核潜艇在设计过程中，曾经考虑过四种设计方案，这为我们一探新型武器装备研制的究竟提供了很好的案例。四种设计方案简要分析如下：方案一，在英国勇士级攻击型核潜艇的耐压艇体中段嵌入美国拉法耶特级战略核潜艇的导弹舱，优点是技术风险低，节约研制经费，缺点是不能装备"三叉戟Ⅱ"型导弹，勇士级设计过于老旧；方案二，以英国特拉法尔加级攻击型核潜艇设计为基础，嵌入拉法耶特级战略核潜艇导弹舱，优点是先进性好于方案一，缺点是仍无法装备"三叉戟Ⅱ"型导弹；方案三，在特拉法尔加级艇体上直接嵌入俄亥俄级战略核潜艇导弹舱，优点是解决"三叉戟Ⅱ"型导弹装载问题，同时又保证了潜艇先进性，缺点是增大了耐压艇体直径和排水量，技术风险增加，费用也大幅增加；方案四，专门为"三叉戟Ⅱ"型导弹重新设计艇体，并直接将其嵌入俄亥俄级战略核潜艇导弹舱，优点是先进性得到保证，总体性能得到改善，缺点是技术风险大，研制经费很可能激增。经过反复考虑和论证，海军最终还是选择了方案四，这看起来好像为了追求先进性而忽视了采购成本，但是我们也应该注意到英国直接购买"三叉戟Ⅱ"型导弹的行为本身就节省了大量的研发经费，而把省下来的经费用于提升"三叉戟Ⅱ"型导弹运载平台的综合性能就显得合情合理，精明的皇家海军巧妙地实现了"一份投入两份产出"。

前卫级战略核潜艇采用了英国首创的泵喷推进技术，有效降低了辐射噪声，具有优秀的水下安静性，艇内由艏至艉依次设有鱼雷舱、指挥舱、导弹舱、辅机舱、反应堆舱、主机舱 6 个舱室。

前卫级战略核潜艇装备有 16 枚"三叉戟Ⅱ"型潜射弹道导弹，该型导弹在前文介绍俄亥俄级战略核潜艇时已有说明，不再赘述。该艇艇艏装有 4 具 533 毫米鱼雷发射管，既能够用于发射"旗鱼"型线导鱼雷，还可用于发射"鱼叉-1C"反舰导弹，可携带鱼雷和反舰导弹共 16 枚。"旗鱼"型线导鱼雷曾经是世界上航速最高、质量最大的鱼雷，采用热动力，长 5.94 米，重 1.85 吨，战斗部 300 千克，在 70 节航速时，航程为 26 千米，在 50 节航速时，航程为 31.5 千米。

前卫级战略核潜艇主要战术技术指标

战技指标	指标参数
排水量	水上 14891 吨；水下 15980 吨
主尺度	艇长 149.9 米；艇宽 12.8 米；吃水 12 米
下潜深度	极限深度 350 米
动力系统	1 座 PWR-2 压水反应堆，2 台蒸汽轮机，功率 27500 马力，泵喷推进
航速	水下最高 25 节
艇员	135 人（军官 14 人，士官士兵 121 人）
鱼雷	4 具 533 毫米鱼雷发射管

（续）

战技指标	指标参数
导弹	16 座垂直发射筒，16 枚"三叉戟 II"型潜射洲际弹道导弹（采用三级固体燃料火箭，每枚 12 个分导弹头，射程大于 11000 千米，星光＋惯性复合制导，圆概率误差 90 米）
续航力	无限
自持力	70 天

凯旋级弹道导弹核潜艇的上甲板。

法国凯旋级战略核潜艇

　　凯旋级战略核潜艇（弹道导弹核潜艇）是法国海军第三代战略核潜艇，由法国 DCNS 公司设计，首艇于 1989 年在瑟堡海军造船厂开工建造，原计划建造 6 艘，由于冷战结束调整为 4 艘，分别为"凯旋"号（S616）、"鲁莽"号（S617）、"警戒"号（S618）、"可怖"号（S619）。1996 年 2 月，法国总统希拉克决定将部署在法国东南部阿尔比昂高原上的陆基战略核导弹发射井拆除，法国"三位一体"的战略核力量转变为海空"两位一体"的战略核力量。四艘凯旋级战略核潜艇均服役于法国海军，是法国现役唯一的海基战略核打击平台。

凯旋级弹道导弹核潜艇第四艘"可怖"号。

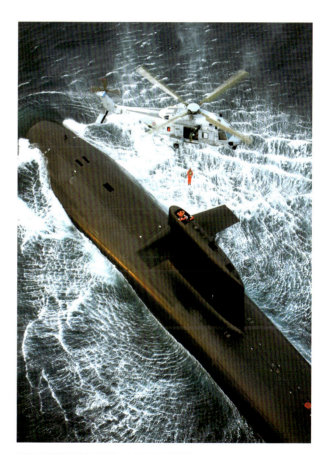

凯旋级弹道导弹核潜艇与直升机协同演训。

凯旋级弹道导弹核潜艇舱内战位。

凯旋级弹道导弹核潜艇"鲁莽"号经改造后重新下水。

凯旋级弹道导弹核潜艇舱内设备。

凯旋级战略核潜艇列表

舰号	艇名	下水时间	服役时间	隶属部队	服役状态
S616	"凯旋"号	1994 年 3 月	1997 年 3 月	法国海军	服役中
S617	"鲁莽"号	1998 年 1 月	1999 年 12 月	法国海军	服役中
S618	"警戒"号	2003 年 9 月	2004 年 11 月	法国海军	服役中
S619	"可怖"号	2008 年 3 月	2010 年 9 月	法国海军	服役中

凯旋级战略核潜艇
是法国海军隶下的一型核动力弹道导弹潜艇，
是法国第三代弹道导弹核潜艇。

LE TERRIBLE

法国长期以来将海基战略核力量作为核力量的基石主要有两方面考虑，一是法国将优先发展独立的核威慑力量作为国防建设基本方针，二是法国濒临大西洋和地中海，地缘位置特点使其对经略海洋也高度重视。在世界核大国中法国是唯一一个先发展弹道导弹核潜艇后发展攻击型核潜艇的国家，可见弹道导弹核潜艇在法国地位之重要。

由于凯旋级战略核潜艇创新设计较多，为保证建造顺利进行，设计部门按照施工图纸先后建造了 3 个凯旋级战略核潜艇的模型。其中，前两个是用木材、铝材以及塑料制成的，第三个则采用了计算机辅助建模技术。第一个模型按照 1:5 比例制作，模型建造完毕后，设计人员把艇上的各种装备按比例缩小并制成木模，结果在试装时发现设计选定的设备数量过多，无法全部安装到艇内，设计部门不得不重新进行设备选型，并减少设备数量。第二个模型按照 1:1 比例制作，主要舱室均依据设计图中的实际尺寸制造，为测试设备装配性，部分重要设备采用了实装，法国海军参谋部还专门派代表以及技术部门人员在作战指挥舱等一些重要舱室进行了实地体验，并提出修改和调整要求，第二个模型为设计人员深入掌握设备装艇情况，提高舱室布局的合理性，促进艇员对艇内工作环境的适应性发挥了积极的作用。第三个模型，是通过计算机技术完成的凯旋级战略核潜艇数字三维模型，计算机虚拟设计替代了部分舱室及管路、线路等的实物模型，节约了大量人力、物力、财力资源。

为了保证凯旋级战略核潜艇的顺利建造，瑟堡海军造船厂对原有的厂房车间进行了扩建和改造，新建了总装车间和专用船坞。凯旋级战略核潜艇的艇体分

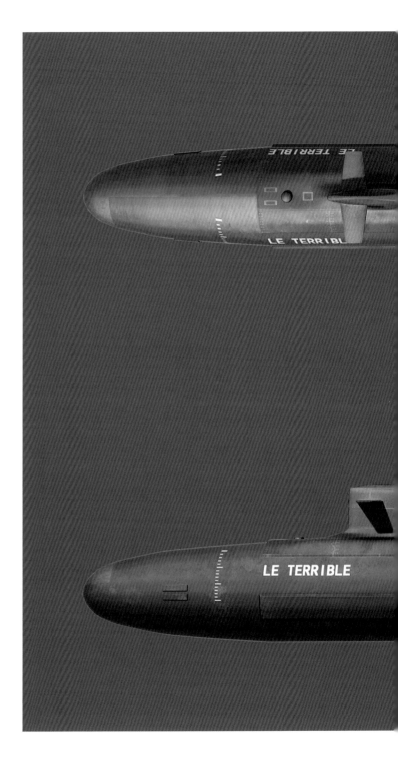

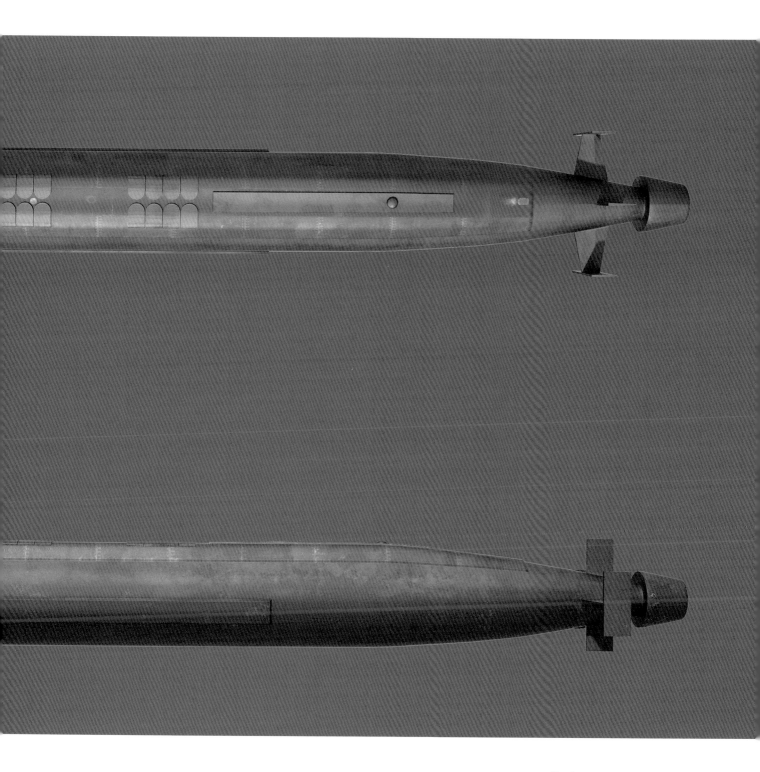

段在各车间建造完成后，利用移动系统（由多个移运车辆组成）运往总装车间进行合拢以及舾装施工，合拢的潜艇再由移送系统运送至船坞，利用船坞中重达4000吨的钢制升降平台完成后续制造，并在船坞中等待下水。

凯旋级战略核潜艇采用了具有法国独创性的一体化自然循环核反应堆，具有非常高效的自然循环能力，大幅降低了水下机械噪声，水下安静性优异，艇内由艏至艉依次为鱼雷舱、指挥舱、导弹舱、反应堆舱、主机舱、尾舱6个舱室。

凯旋级战略核潜艇装备有16枚M51潜射弹道导弹，该型导弹长12米，直径2.3米，重52吨，采用三级固体火箭发动机，射程8000~10000千米，可携带6~10枚分导弹头，每枚11万吨TNT当量，M51的升级型号M51.2圆概率误差可达150~200米。该艇艇艏装有4具533毫米鱼雷发射管，既能够用于发射鱼雷，还可用于发射飞鱼反舰导弹，可携带鱼雷和反舰导弹共18枚。

凯旋级战略核潜艇隐身性能优异，减振降噪问题在设计伊始就得到高度重视，分别在土伦和巴黎设立了舰船降噪研究中心和降噪特设机构。在建造过程中，法国有关部门专门组织设计师、工程师、机械师以及安装工人参加多次降噪技术在职培训，累计培训2500余人。凯旋级战略核潜艇采用一系列新技术和新工艺减低潜艇噪声，主要包括以下几个方面：一是艇体采用拉长水滴线型，减少艇体流水孔，并在艇体敷设新型消声瓦；二是采用了K-15自然循环核反应堆，在中低速航行时不用启动主循环泵，减少了一个重要噪声源；三是对大型机械振动设备加装浮筏减振基座，并

改善液体管路和气体通道的噪声；四是大量使用滑动轴承取代滚动轴承，将有振动的机械装置通过吸声和减振垫片固定到艇体上；五是采用弹性元件制成的减振衬套包裹重要管路和电缆连接处；六是采用全电力推进，取消齿轮减速箱，并使用泵喷推进器；七是采用精密加工的7叶螺旋桨，并设有防止空泡的导流管，导流管内外还敷设消声材料。此外，凯旋级战略核潜艇还采用了消磁、减小红外特性等措施，大幅提高了隐蔽性和战场生存能力。

凯旋级战略核潜艇主要战术技术指标

战技指标	指标参数
排水量	水上12640吨；水下14335吨
主尺度	艇长138米；艇宽12.5米；吃水10.6米
下潜深度	工作深度300米；极限深度400（500）米
动力系统	1座K-15自然循环核反应堆，2台蒸汽轮机，功率40900马力，泵喷推进
航速	水下最高25节
艇员	111人（军官15人）
鱼雷	4具533毫米鱼雷发射管，可发射飞鱼反舰导弹
导弹	16座垂直发射筒，16枚M51潜射洲际弹道导弹（采用三级固体燃料火箭，惯性+卫星修正复合制导，圆概率误差300米）
续航力	无限
自持力	60天

美国俄亥俄级巡航导弹核潜艇

俄亥俄级巡航导弹核潜艇是通过对俄亥俄级战略核潜艇改装完成的。21世纪初，最先服役的四艘俄亥

俄级战略核潜艇已在役几十年，机械设备和信息系统的老化使这四艘艇难以承担常态化的战备巡航。为此，美国海军决定将"俄亥俄"号（SSGN-726）、"密歇根"号（SSGN-727）、"佛罗里达"号（SSGN-728）和"佐治亚"号（SSGN-729）四艘艇改装成为巡航导弹核潜艇，2002年9月26日，美国海军与通用动力公司签订改造合约。

俄亥俄级弹道导弹核潜艇在船坞中改装为巡航导弹核潜艇。

俄亥俄级巡航导弹核潜艇列表

舷号	艇名	改装完成时间	重新服役时间	母港	服役状态
SSGN-726	"俄亥俄"号	2003年11月	2005年12月	华盛顿州基察普海军潜艇基地	服役中
SSGN-727	"密歇根"号	2005年1月	2006年11月	华盛顿州基察普海军潜艇基地	服役中
SSGN-728	"佛罗里达"号	2004年4月	2006年4月	佐治亚州金斯湾海军基地	服役中
SSGN-729	"佐治亚"号	2005年10月	2007年11月	佐治亚州金斯湾海军基地	服役中

俄亥俄级巡航导弹核潜艇主要性能指标与俄亥俄级战略核潜艇基本一致，还具有强大的由海向陆的常规打击能力，是名副其实的"海上巡航导弹库"。

俄亥俄级巡航导弹核潜艇将原有的24座"三叉戟II"导弹发射筒拆除，改装为22座巡航导弹发射单元，每个单元可容纳7枚导弹，总共可装载154枚"战斧"巡航导弹，并可搭载66名突击队员及一艘小型潜艇。"战斧"巡航导弹（BGM-109）是一种远程、全天候、短翼、亚音速巡航飞行的导弹，能够在防区外对敌方严密设防的目标实施精确打击，是美军现役主要的巡航导弹和远程打击力量。"战斧"巡航导弹最初于1972年由通用动力公司研发，1983年开始服役，历经四个批次：第一批次（Block I）包括两种衍生型号，

可携带核弹头的对陆攻击型BGM-109A与反舰型BGM-109B。其中，BGM-109A可搭载20万吨TNT当量的W-80核弹头，采用惯性导航加地形匹配导航，但精度并不高，圆概率误差为80米；第二批次（Block II）是携带常规弹头的对陆攻击型BGM-109C/D，战斗部换装高爆弹头，并增加数字影像区域匹配系统（DSMAC），将圆概率误差大幅度减小至10米左右。BGM-109C型与D型区别主要在战斗部，C型配备454千克高爆弹头，D型为携带含166枚BLU-97/B子母弹的高爆集束弹头；第三批次（Block III）针对Block II进行了技术升级，加装了改进型导航计算机、"到达时间"控制软件、GPS接收器、程序延迟引信等，其中，"到达时间"软件能够控制多枚战斧导弹从不同方向攻击同一目标，"战

俄亥俄级战略核潜艇前几艘由于舰体老化，
无力承担战略核威慑巡航任务，因此，该级
"俄亥俄"号潜艇（SSGN-726）、"密歇根"
号潜艇（SSGN-727）、"佛罗里达"号潜艇
（SSGN-728）和"佐治亚"号潜艇（SSGN-729）
在 2002 年开始进行了改装，成为携带常规
制导导弹的巡航导弹核潜艇。

斧"Block III 的战斗部由 Block II 的 454 千克降至 320 千克,由于增强了弹壳硬度,其穿甲能力为 Block II 的两倍, Block III 还改进了发动机,使燃油效率提高,增加了射程;第四批次(Block IV)是"战斧"基础改良计划(TBIP)的成果,装备具有抗干扰能力的 GPS 接收器,加装双波段卫星数据链,能在飞行中途更改攻击目标。目前"战斧"导弹家族的最新成员是战术型"战斧"(TACTOM),又称为"战斧"Block IV+,其整个弹体结构与系统配置都进行了重新设计,精简了结构,增加了燃料储存,优化了生产程序,降低了制造成本。

"战斧"巡航导弹主要性能指标:弹长 5.56 米,弹体直径 0.52 米,翼展 2.67 米,起飞质量 1.2 吨,战斗部 320~454 千克,动力装置为固体燃料助推器和涡轮风扇发动机,最大飞行速度 880~1010 千米 / 小时,最大射程 1127~2500 千米,巡航高度 15~150 米,制导方式为惯性制导 + GPS 地图匹配制导 + 影像导引,圆概率误差 3~6 米。

俄亥俄级巡航导弹核潜艇的侦察搜索能力、指挥控制能力、通信能力和电子战能力与俄亥俄级战略核潜艇相似,不再赘述。

俄亥俄级巡航导弹核潜艇能够搭载特战载具。

俄亥俄级巡航导弹核潜艇上甲板。

俄亥俄级巡航导弹核潜艇在韩国部署。

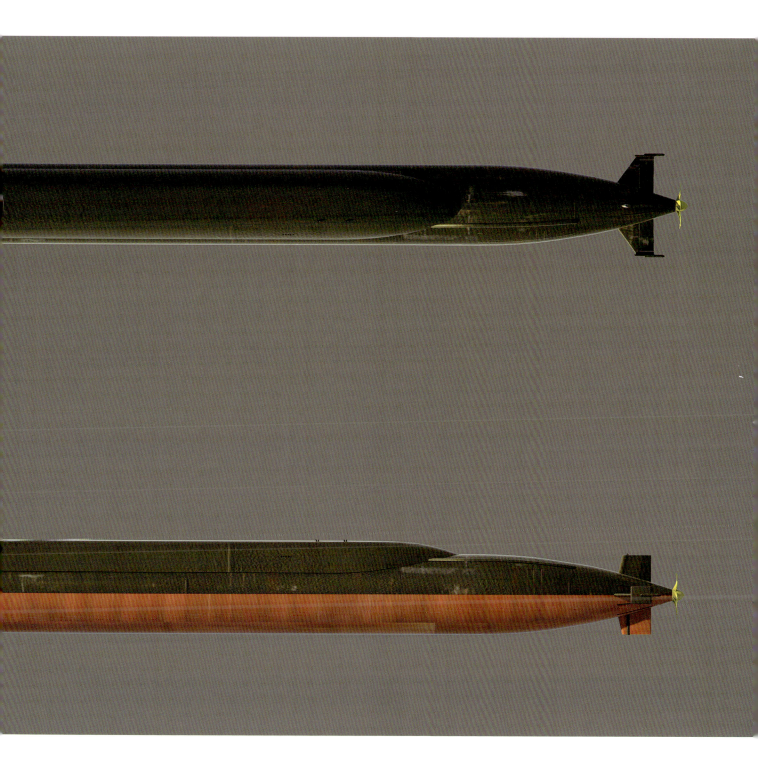

俄亥俄级巡航导弹核潜艇主要战术技术指标

战技指标	指标参数
排水量	水上 16764 吨；水下 18750 吨
主尺度	艇长 170.7 米；艇宽 13 米；吃水 10.8 米
下潜深度	极限深度 240 米
动力系统	1 座 S8G 压水反应堆，2 台蒸汽轮机，功率 60000 马力单轴单桨推进
航速	水面最高 12 节；水下最高 25 节
艇员	159 人（军官 15 人）
鱼雷	4 具 533 毫米鱼雷发射管
导弹	22 座垂直发射筒（每个发射筒装载 7 枚"战斧"巡航导弹），154 枚"战斧"巡航导弹（最大射程 2500 千米，影像导引 +GPS 地图匹配 + 惯性复合制导）
续航力	无限
自持力	90 天

俄罗斯奥斯卡 II 级巡航导弹核潜艇

　　奥斯卡 II 级巡航导弹核潜艇是目前俄罗斯海军主力巡航导弹核潜艇，代号 949A 型，主要用于执行拦截、消灭大型航母与水面舰艇编队、打击陆上重要目标、部署水雷、保护己方海上交通线等任务。

　　20 世纪 70 年代，为对抗北约的航空母舰战斗群，苏联切洛梅设计局成功研发出"花岗岩"型反舰导弹（P-700）。为了搭载这款超级武器，1969 年，苏联海军正式委托红宝石设计局研发奥斯卡 I 级巡航导弹核潜艇（949 型）。奥斯卡 I 级首艇于 1975 年开工，1980 年下水，同年服役，共建造了 2 艘，现已经全部退役。但

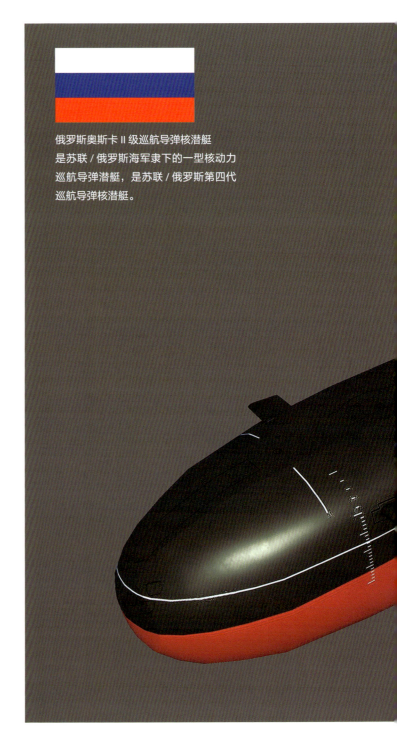

俄罗斯奥斯卡 II 级巡航导弹核潜艇是苏联 / 俄罗斯海军隶下的一型核动力巡航导弹潜艇，是苏联 / 俄罗斯第四代巡航导弹核潜艇。

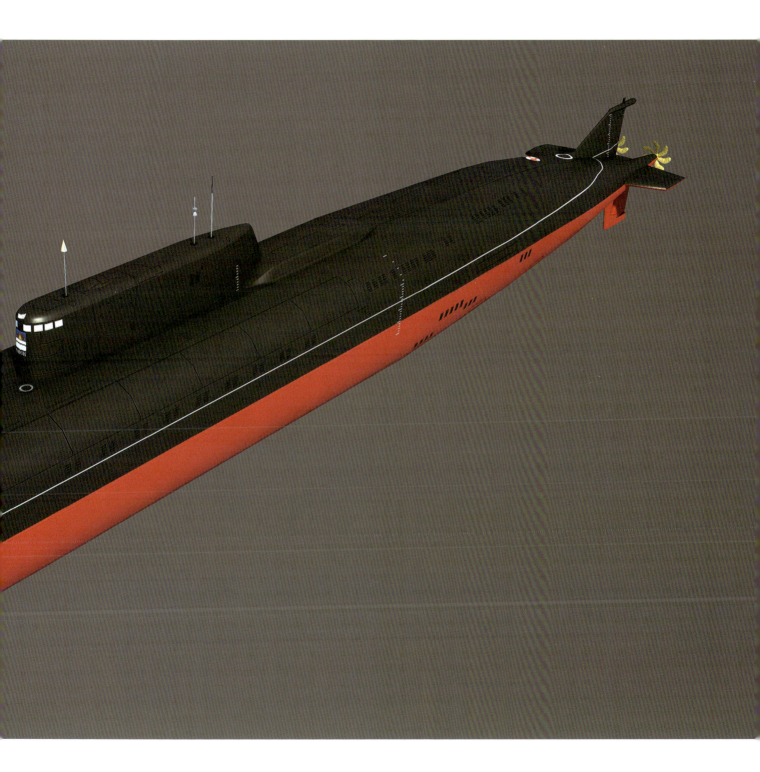

是苏联海军在使用中发现奥斯卡I级存在明显的缺点，由于设计时片面追求压减排水量，导致艇上设备配置密度过大，可维修性差，日常维护保养困难。此外，该艇还不能满足降噪改进的需要。为此，奥斯卡II级巡航导弹核潜艇（949A）便应运而生，首艇于1985年正式开工建造，后陆续建造10艘。与奥斯卡I级相比，奥斯卡II级艇增加一个舱室，艇上武器和设备布局得到改善，并为后续持续升级改进预留了空间。据推测，奥斯卡II级巡航导弹核潜艇在安静性上优于阿库拉I级核潜艇，比阿库拉II级核潜艇略为逊色。但是，让全世界聚焦奥斯卡II级巡航导弹核潜艇的并不是其可怕的反舰能力，而是在2000年8月12日发生的一起事故，奥斯卡II级中的"库尔斯克"号在演习中沉没，也是苏联/俄罗斯历史上第六艘沉没的核潜艇。

奥斯卡级巡航导弹核潜艇列表（无括号注明的均为奥斯卡II级）

舷号	艇名	下水时间	服役时间	隶属部队	服役状态
K-525	"阿尔汉格尔斯克"号	1980年5月	1980年12月	北方舰队	1996年退役（奥斯卡I级）
K-206	"摩尔曼斯克"号	1982年12月	1983年11月	北方舰队	1996年退役（奥斯卡I级）
K-148	"克拉斯诺达尔"号	1985年3月	1986年9月	北方舰队	1998年退役
K-173	"克拉斯诺亚尔斯克"号	1986年3月	1986年12月	太平洋舰队	1997年退役
K-132	"伊尔库茨克"号	1987年12月	1988年12月	太平洋舰队	升级改造中
K-119	"沃罗涅日"号	1988年12月	1989年12月	北方舰队	服役中
K-410	"斯摩棱斯克"号	1990年1月	1990年12月	北方舰队	服役中
K-442	"车里雅宾斯克"号	1990年6月	1990年12月	太平洋舰队	升级改造中
K-456	"特维尔"号	1991年6月	1992年8月	太平洋舰队	服役中
K-266	"奥廖尔"号	1992年5月	1992年12月	北方舰队	服役中
K-186	"鄂木斯克"号	1993年5月	1993年12月	太平洋舰队	服役中
K-150	"托木斯克"号	1996年6月	1996年12月	太平洋舰队	服役中
K-141	"库尔斯克"号	1994年5月	1994年12月	北方舰队	2000年8月12日沉没

奥斯卡Ⅱ级巡航导弹核潜艇在码头停泊。

奥斯卡Ⅱ级巡航导弹核潜艇指挥室围壳及升降装置。

奥斯卡Ⅱ级巡航导弹核潜艇艇艏的鱼雷发射管。

奥斯卡Ⅱ级巡航导弹核潜艇出航。

奥斯卡Ⅱ级巡航导弹核潜艇维修中。

奥斯卡Ⅱ级为俄罗斯海军当前最先进的巡航导弹核潜艇，具有强大的对海打击能力，潜艇由艏至艉依次为鱼雷舱、指挥舱、升降装置和备用指挥舱、居住舱、前辅机舱、反应堆舱、前蒸汽轮机舱、后蒸汽轮机舱、舵机和后辅机舱9个舱室。

　　奥斯卡Ⅱ级巡航导弹核潜艇装备有24枚"花岗岩"型反舰导弹，被誉为"航母杀手"。"花岗岩"型导弹发射筒位于8米直径的耐压艇体外两侧，每侧12个发射筒以40度倾斜。该型导弹被北约命名为"船难"，代号SS-N-19，属于第三代超声速远程反舰导弹，是在"玄武岩"型反舰导弹（P-500）基础上发展起来的，"玄武岩"型反舰导弹北约命名为"沙箱"，代号SS-N-12。"花岗岩"型反舰导弹长10米，直径0.8米，翼展2.1米，重6.98吨，可搭载核弹头或常规弹头（核弹头为50万吨TNT当量、常规弹头重约750千克），4具KR-93涡喷发动机（固体火箭助推），飞行速度1.6~2.5马赫，射程625千米，采用先进的主动雷达+被动雷达末制导+惯性制导方式，掠海飞行高度20米。"花岗岩"型反舰导弹信息化、智能化程度高，据俄罗斯资料称，该型弹实战运用通常为多发齐射，发射后会有一枚导弹爬升高度成为领弹，并把搜索探测到的数据分发给其他低高度导弹，导引它们飞行，如果领弹被击落，则低高度飞行的一枚导弹自动爬升成为领弹，在末段攻击中，领弹还能导引其他导弹对最有价值目标先行攻击。

　　奥斯卡Ⅱ级巡航导弹核潜艇还装备4具533毫米和2具650毫米鱼雷发射管，配备快速装填装置，可发射53型鱼雷、65型鱼雷和SS-N-16远程反潜导弹，

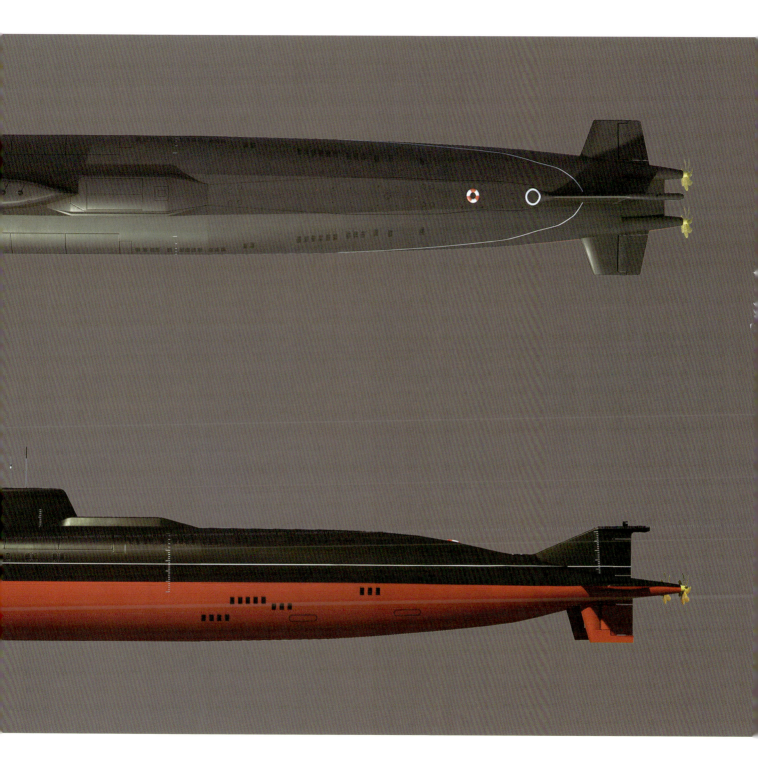

总共可装载 28 枚，或装载水雷 32 枚。53 型鱼雷，航速 45 节，航程 20 千米，作战深度约 300 米，主要用于反潜；65 型鱼雷，航速 60 节，航程 40 千米，作战深度约 400 米，主要用于反舰，采用主 / 被动声自导和尾流制导，可携带核弹头；SS-N-16 远程反潜导弹，可从 650 毫米鱼雷发射管发射，射程 120 千米，战斗部为 40 万吨当量核弹，主 / 被动声自导。据报道，从 2011 年开始，奥斯卡 II 级部分艇进行了改装升级，装备 3M-55 "缟玛瑙" 巡航导弹（北约称 SS-N-26，又称 P-800 反舰导弹）和 "口径" 3M-14 巡航导弹潜射型，并在指挥室围壳内安装对空导弹系统，这使其防空能力得到加强。

奥斯卡 II 级巡航导弹核潜艇主要战术技术指标

战技指标	指标参数
排水量	水上 13900 吨；水下 18300 吨
主尺度	艇长 155 米；艇宽 18.2 米；吃水 9 米
下潜深度	工作深度 420 米；极限深度 500 米
动力系统	2 座 OK-650 压水反应堆，2 台蒸汽轮机，功率 97990 马力，双轴双桨
航速	水上最高 15 节；水下最高 28 节
艇员	107 人（军官 48 人）
鱼雷	4 具 533 毫米鱼雷发射管，2 具 650 毫米鱼雷发射管
导弹	24 座倾斜发射筒，24 枚 "花岗岩" 型反舰导弹
续航力	无限
自持力	120 天

美国海狼级攻击型核潜艇

　　冷战后期，美国海军着眼 "前进战略" 需求，为了保持其攻击型核潜艇在各大洋能够有效对抗苏联核潜艇，因此格外注重武器装载量、持续作战能力与静音能力，以期增加在苏联势力范围内的存活概率以及胜算，并延长在目标海域存在的时间，减少补充弹药物资次数，避免频繁穿越苏联海上防线。为达到以上目的，美国海军不惜花费重金打造了海狼级攻击型核潜艇。1982 年，该级艇正式启动设计，1989 年开始拨款建造。海狼级攻击型核潜艇是洛杉矶级攻击型核潜艇的继任型号，被誉为全球最安静的核潜艇之一，最初美国海军打算在 10 年间以每年 3 艘的速度，建造 29 艘，但海狼级攻击型核潜艇造价高昂，预计单价约 30 亿美元，海军订购数量不得不减至 12 艘。随着苏联解体，冷战结束，美国也相应削减了国防预算，苏联军事威胁的减弱和海狼级高昂的造价（第三艘 "吉米·卡特" 号造价高达 35 亿美元），使得海狼级攻击型核潜艇的建造计划被全面取消，最终美国海军只批准建造了三艘海狼级攻击型核潜艇。

海狼级攻击型核潜艇在造船厂中建造。

海狼级攻击核潜艇
是美国海军隶下的一型核动力攻击型潜艇。
其设计任务是在各大洋对抗任何苏联现有
与未来的核潜艇，并取得制海权的核潜艇，
在设计上堪称是潜艇进行反潜作战的极致
产物。

海狼级攻击型核潜艇列表

舷号	艇名	下水时间	服役时间	母港	服役状态
SSN-21	"海狼"号	1995 年 6 月	1997 年 7 月	华盛顿州布雷默顿海军潜艇基地	服役中
SSN-22	"康涅狄格"号	1997 年 9 月	1998 年 12 月	华盛顿州布雷默顿海军潜艇基地	服役中
SSN-23	"吉米·卡特"号	2004 年 5 月	2005 年 2 月	华盛顿州布雷默顿海军潜艇基地	服役中

海狼级攻击型核潜艇的命名与编号与美国海军约定俗成的习惯规则差别很大——这也凸显出这一型潜艇"不走寻常路"。洛杉矶级攻击型核潜艇采用城市名称来命名，而海狼级首艇采用海洋生物命名，第二艘艇以州名命名，第三艘艇以美国总统吉米·卡特的名字来命名（总统名通常用于命名航空母舰），理由是吉米·卡特曾在美国潜艇上服役。该型艇首艇编号SSN-21，最初只是建造计划代号，该艇本应延续洛杉矶级最后一艘"夏延"号的编号 SSN-773，通常应接续命名为 SSN-774，而这个编号成了海狼级之后的弗吉尼亚级攻击型核潜艇首艇的编号。海狼级攻击型核潜艇不仅命名与编号在美国海军核潜艇中独树一帜，是美国海军体型最大的攻击型核潜艇，其战术技术指标也成为当时性能极致的异类。

海狼级攻击型核潜艇装备有 8 具 660 毫米鱼雷发射管，能够用于发射 MK-48 型鱼雷、"鱼叉"型反舰导弹、"战斧"巡航导弹等武器，载弹量 50 枚，相比于通常 533 毫米鱼雷发射管有所增大，目的是给未来新型武器的装备预留升级改造空间。该型潜艇没有安装垂直发射系统，反映出其主要使命任务是对海作战，兼顾对陆作战，其核心作战目标是冷战时期苏联先进的弹道导弹核潜艇、巡航导弹核潜艇以及攻击型核潜艇。海狼级攻击型核潜艇还具备一定近海浅水作战能力，其

装备的浮筒舱能够装载 8 名蛙人特战队员及装备。

海狼级攻击型核潜艇优异的性能源于其独特的设计，一是改变了洛杉矶级的围壳舵设计，改为可伸缩的艏舵，加强了指挥室围壳强度，使其能够在北极冰盖下破冰而出；二是创新性地采用六片式尾舵（以往的美国核潜艇都通常采用十字形尾舵），多出来的两片舵面位于两侧水平舵面与底部垂直舵面之间，倾斜朝下，艉部设有拖曳声呐施放口；三是优化了艇体线型，并采用外光顺设计，海狼级沿用与洛杉矶级相似的水滴线型，指挥室围壳前方有一倾斜弯角造型，这一独特设计可以用来降低海水流经指挥室围壳的噪声，同时在其艇体表面尽力减少与优化突出物的设置（如艇体接缝、流水孔、舱盖、压载水舱开口等），降低水流流过艇体产生的噪声；四是运用电脑辅助设计工具及模块化的建造方式，美国海军首次应用 CAD 软件工具预先设计，其耐压艇体与内部舱室、机械设备都分成模块化单元，各模块化单元分段并行建造，最后在总装车间进行组合（分段建造思想在二战中德国已经采用，只是碍于工艺不达标，并不成功），但是分段建造如果无法控制误差，就会陷入各段无法接合而被迫重造的窘境，海狼级并没有成功绕过这个技术门槛，由于缺乏模块化建造经验，确实出现了不同舱段尺寸误差大而无法焊接的失误，最后只能废弃重来，

建造进度也是一拖再拖；五是新型钢材使潜航深度大幅提升，海狼级采用了 HY-100/HY-130 高张力钢板组合建造，性能超过 HY-80 钢，耐压艇体厚度超过洛杉矶级，其最大潜深达到 610 米；六是综合降噪水平极佳，大量机械装置安装在双重减振浮筏上，艇体外部还敷设了消声瓦（有报道称还可能采用了主动降噪技术）。另外，该艇总共有 26 个遍布于全艇的噪声振动监测器，能实时监测艇体各部位噪声或振动，海狼级核潜艇的动力系统再次为其安静性加分，S6W 核反应堆具有非常强的自然循环能力，即使不开启主循环水泵也能够提供充沛的动力，使海狼级在水下能够极为安静地以 20 节航速航行，不仅使海狼级核潜艇更难被敌方探测，同时降低了本体噪声对自身水声探测系统的影响。

海狼级攻击型核潜艇在日本部署。

海狼级攻击型核潜艇在北极破冰上浮。

海狼级攻击型核潜艇指挥舱。

海狼级攻击型核潜艇上甲板。

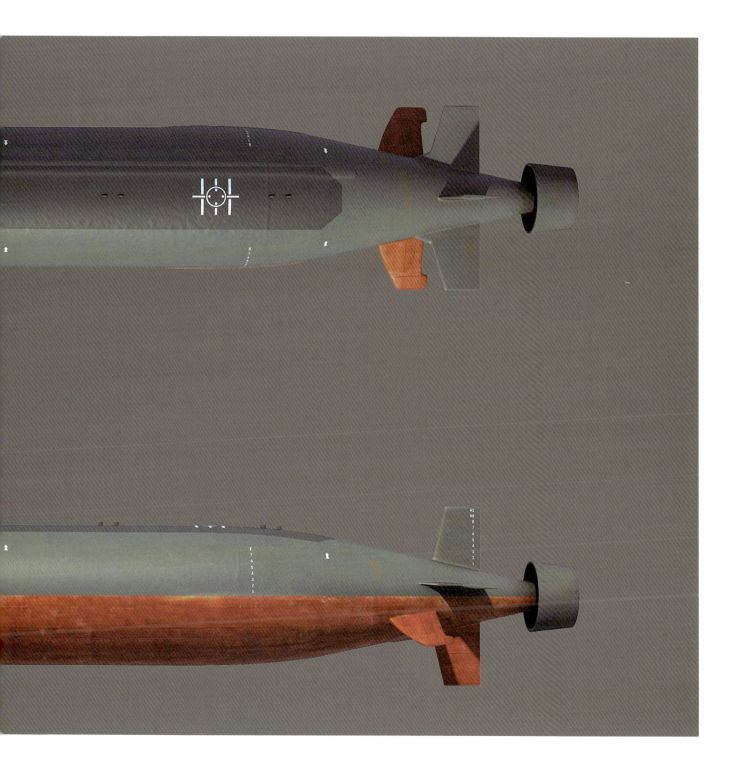

海狼级攻击型核潜艇主要战术技术指标

战技指标	指标参数
排水量	水上 8600 吨；水下 9138（12158）⊖吨
主尺度	艇长 107.6 米（"吉米·卡特"号为 138.1 米）；艇宽 12.2 米；吃水 11 米
下潜深度	极限深度 610 米
动力系统	1 座 S6W 压水反应堆，2 台蒸汽轮机，功率 45000 马力
航速	水下最高 39 节
艇员	140 人
鱼雷 / 导弹	8 具 660 毫米鱼雷（也可发射导弹）发射管
续航力	无限
自持力	70 天

美国弗吉尼亚级攻击型核潜艇

弗吉尼亚级攻击型核潜艇是美国海军第四代攻击型核潜艇，能够同时兼顾远海和近海多种作战任务。弗吉尼亚级是美国海军"新型攻击潜艇计划"的成果，作为海狼级攻击型核潜艇的低成本取代方案。弗吉尼亚级服役后，洛杉矶级攻击型核潜艇将逐步退役。弗吉尼亚级攻击型核潜艇由纽波特纽斯造船厂和通用动力电船公司联合建造，截至 2020 年 4 月，已经完成 I 型、II 型、III 型、IV 型共 19 艘核潜艇的建造。根据美国海军 2016 财年的未来 30 年造舰计划，该型艇总采购规模为 52 艘，美国海军将继续建造弗吉尼亚级 IV 型、V 型等衍生型号至 2043 年，并服役至 2060 年后。

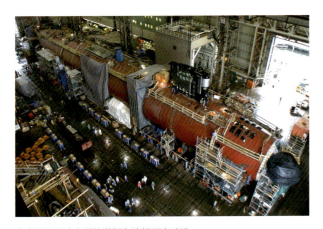

弗吉尼亚级攻击型核潜艇在造船厂中建造。

弗吉尼亚级攻击型核潜艇首艇下水庆祝仪式。

⊖　海狼级 3 号艇"吉米·卡特"号水下排水量为 12158 吨。　——编者注

弗吉尼亚级攻击型核潜艇列表

舷号	艇名	下水时间	服役时间	母港	服役状态
SSN-774	"弗吉尼亚"号	2003 年 8 月	2004 年 10 月	康涅狄格州新伦敦	服役中（Ⅰ型）
SSN-775	"德克萨斯"号	2005 年 4 月	2006 年 9 月	夏威夷珍珠港	服役中（Ⅰ型）
SSN-776	"夏威夷"号	2006 年 4 月	2007 年 5 月	夏威夷珍珠港	服役中（Ⅰ型）
SSN-777	"北卡罗来纳"号	2007 年 5 月	2008 年 5 月	夏威夷珍珠港	服役中（Ⅰ型）
SSN-778	"新罕布什尔"号	2008 年 2 月	2008 年 10 月	康涅狄格州新伦敦	服役中（Ⅱ型）
SSN-779	"新墨西哥"号	2009 年 1 月	2010 年 3 月	康涅狄格州新伦敦	服役中（Ⅱ型）
SSN-780	"密苏里"号	2009 年 11 月	2010 年 7 月	夏威夷珍珠港	服役中（Ⅱ型）
SSN-781	"加利福尼亚"号	2010 年 11 月	2011 年 10 月	康涅狄格州新伦敦	服役中（Ⅱ型）
SSN-782	"密西西比"号	2011 年 10 月	2012 年 6 月	夏威夷珍珠港	服役中（Ⅱ型）
SSN-783	"明尼苏达"号	2012 年 11 月	2013 年 9 月	康涅狄格州新伦敦	服役中（Ⅱ型）
SSN-784	"北达科他"号	2013 年 8 月	2014 年 10 月	康涅狄格州新伦敦	服役中（Ⅲ型）
SSN-785	"约翰·华纳"号	2014 年 9 月	2015 年 8 月	弗吉尼亚州诺福克	服役中（Ⅲ型）
SSN-786	"伊斯诺伊"号	2015 年 8 月	2016 年 10 月	康涅狄格州新伦敦	服役中（Ⅲ型）
SSN-787	"华盛顿"号	2016 年 3 月	2017 年 10 月	弗吉尼亚州诺福克	服役中（Ⅲ型）
SSN-788	"科罗拉多"号	2016 年 12 月	2018 年 3 月	康涅狄格州新伦敦	服役中（Ⅲ型）
SSN-789	"印第安纳"号	2017 年 6 月	2018 年 9 月	康涅狄格州新伦敦	服役中（Ⅲ型）
SSN-790	"南达科他"号	2017 年 10 月	2019 年 2 月	康涅狄格州新伦敦	服役中（Ⅲ型）
SSN-791	"特拉华"号	2018 年 12 月	2020 年 4 月	康涅狄格州新伦敦	服役中（Ⅲ型）
SSN-792	"佛蒙特州"号	2018 年 10 月	2020 年 4 月	康涅狄格州新伦敦	服役中（Ⅳ型）
SSN-793	"俄勒冈"号	2019 年 10 月			建造中（Ⅳ型）
SSN-794	"蒙大拿"号				建造中（Ⅳ型）
SSN-795	"海曼·乔治·里科弗"号				建造中（Ⅳ型）
SSN-796	"新泽西"号				建造中（Ⅳ型）
SSN-797	"艾奥瓦"号				建造中（Ⅳ型）
SSN-798	"马萨诸塞"号				建造中（Ⅳ型）
SSN-799	"爱达荷"号				建造中（Ⅳ型）
SSN-800	"阿肯色"号				已订购（Ⅳ型）
SSN-801	"犹他"号				已订购（Ⅳ型）

注：表中空白处为尚不清楚的信息。其余表格同此表。

弗吉尼亚级攻击核潜艇
是美国海军隶下的一型核动力快速攻击潜艇。
从美国攻击型核潜艇发展时间和级别来看，它
是第七代攻击型核潜艇；但从发展研制的技术
特征和用途来看，它属于第四代攻击型核潜艇。

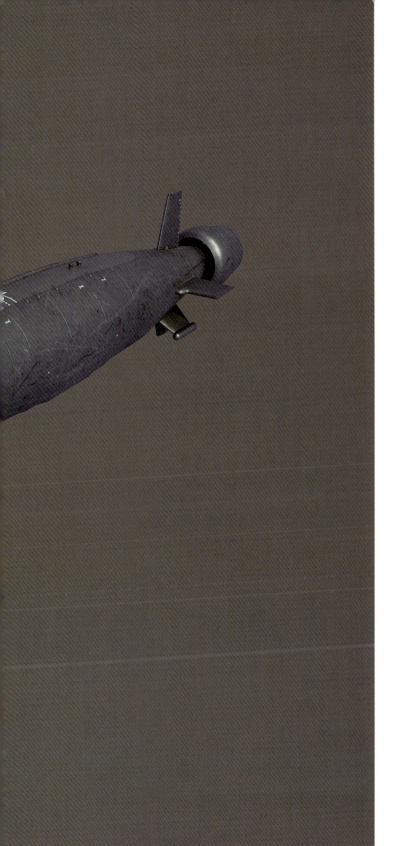

弗吉尼亚级攻击型核潜艇首艇试验试航。

冷战结束后，美国海军攻击型核潜艇失去了昔日大洋深处的对手——苏联核潜艇，美国海军随即调整了攻击型核潜艇的使命任务，将应对局部战争、由海对陆打击、近海侦察反潜、支援特种作战、护航航母编队等作为主要任务，这一转变使得美国海军对攻击型核潜艇的设计理念向多功能、多用途方向倾斜，弗吉尼亚级攻击型潜艇就是这一思想转变的直接产物。弗吉尼亚级攻击型潜艇产生的另一个动因是海狼级攻击型核潜艇每艘约30亿美元的高昂价格受到美国各界猛烈抨击，舆论几乎一边倒地要求尽快中止这项耗资巨大的建造计划。美国海军不得不寻求海狼级低成本的替代方案，为此该型核潜艇在性能上做了一些妥协，放弃了单纯追求大潜深、高航速、强调远洋作战能力等设计思想，转而加强了美国海军战略转型后所需的近海多任务作战能力。弗吉尼亚级是潜艇建造史上首个完全采用计算机辅助设计方式建造的潜艇。在该艇研发期间，设计团队彻底抛弃了传统的图板作业，也不再搭建陆上缩比或同比模型，而是完全采用 IBM 和达索公司研制的计算机辅助三维交互式数字设计系统来进行具体设计，有效提高了潜艇各舱段模块化水平，该艇在服役期间可以通过更换任务模块来进行升级改造和任务扩展。

弗吉尼亚级攻击型核潜艇目前建造Ⅰ型、Ⅱ型、Ⅲ型、Ⅳ型四个批次。第一批次为 Block Ⅰ型，美国海军共订购 4 艘，分别为 SSN-774、SSN-775、SSN-776、SSN-777，于 2004 年至 2008 年期间陆续服役，主要配备了 BQQ-10 型大型球状艇艏声呐和 12 管巡航导弹垂直发射系统。第二批次为 Block Ⅱ型，美国海军共订购 6 艘，分别为 SSN-778、SSN-779、SSN-780、SSN-781、SSN-782、SSN-783，于 2008 年至 2013 年期间陆续服役，配置与 Block Ⅰ型基本相同，区别是建造分段数量由 10 个减少到 4 个，每艘的成本下降约 3 亿美元。第三批次为 Block Ⅲ型，美国海军订购共 8 艘，分别为 SSN-784、SSN-785、SSN-786、SSN-787、SSN-788、SSN-789、SSN-790、SSN-791，Block Ⅲ型改进较大，大约有五分之一进行了重新设计，包括用马蹄形的大孔径适形阵列声呐（LAB）替换传统的 BQQ-10 球形声呐，移除了艇艏 12 个独立的 MK-45 型潜用垂直发射装置，取而代之的是两个新型的 MAC 六联装圆柱式垂直发射装置（VPT），每个载荷发射管都能发射"战斧"巡航导弹，还能够装载多种其他武器、传感器和潜航器。这些改进能在降低潜艇的采购成本的同时，进一步拓展其执行多重任务的能力。第四批次为 Block Ⅳ型，美国海军订购共 10 艘，合同总价达 178.278 亿美元，

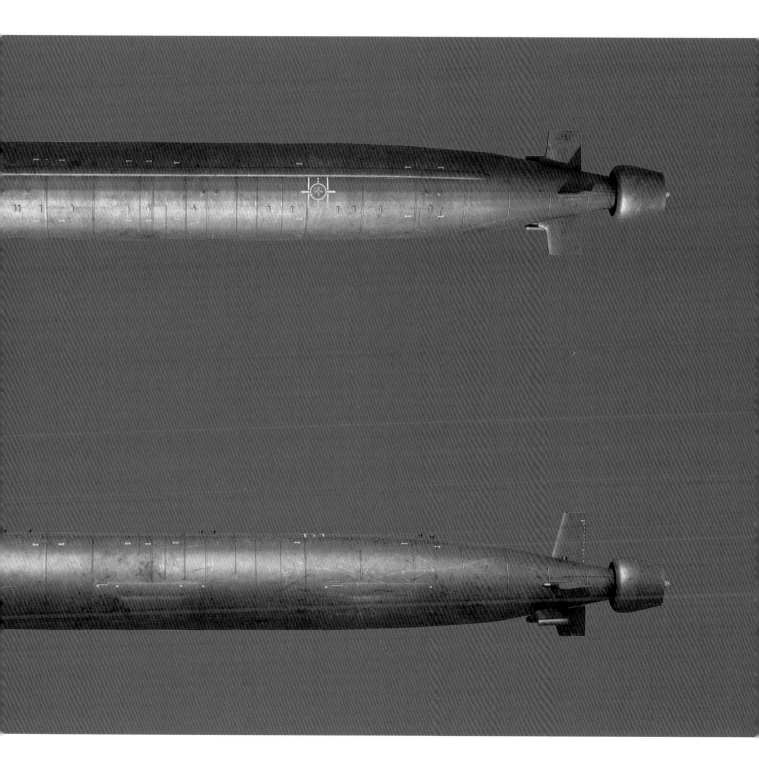

一次订购数量创下了美国历史纪录，Block Ⅳ 型艇体参数和配置与原型基本一致，全寿命周期的可靠性和可维修性增强，部署周期从 14 个增加到 15 个，大修次数从 4 次减为 3 次。此外，Block Ⅳ 型还将针对特战任务和极区活动进行改进，计划在艇体中段插入载荷模块（VPM），可携带 40 枚垂直发射巡航导弹，以填补俄亥俄级巡航导弹核潜艇退役造成的对陆火力打击缺口。

弗吉尼亚级攻击型核潜艇艇艏声呐的后方装备有 12 个巡航导弹垂直发射筒，可发射潜射"战斧"巡航导弹（射程约 2500 千米），能够对陆地纵深目标实施打击，未来可能会加装正在研发中的先进对地攻击导弹（ALAM）。在指挥室围壳前端艇身两侧，导弹垂直发射筒后部区域还装备有 4 具 533 毫米鱼雷发射管，能够用于发射 MK-48 型鱼雷、"鱼叉"型反舰导弹，布放 Mk-67/Mk-60"捕食者"水雷或其他新型水雷，还能够发射与回收自主式水下航行器（AUV），有报道称，其鱼雷发射管还能发射可遥控的无人侦察机。

弗吉尼亚级攻击型核潜艇隐身能力非常强，静音能力延续了海狼级的超高水平，其减振降噪技术特点包括：一是采用外光顺拉长水滴线型艇体外型设计，降低水流噪声；二是在主机舱采用浮筏式减震的整体模块设计；三是艇体外部敷设聚氨酯整体浇筑式消声瓦；四是采用新型泵喷推进器；五是全艇各处总共设有 600 个噪声 / 振动侦测器。此外，为了降低引爆磁感应引信水雷的概率，该艇还使用了消磁技术。

弗吉尼亚级攻击型核潜艇搭载特战装具。

弗吉尼亚级攻击型核潜艇舱内战位。

弗吉尼亚级攻击型核潜艇主要战术技术指标

战技指标	指标参数
排水量	水上 6950 吨；水下 7800 吨
主尺度	艇长 115 米；艇宽 10.4 米；吃水 9.3 米
下潜深度	工作深度 244 米；极限深度 450~500 米
动力系统	1 座 S9G 压水反应堆，2 台蒸汽轮机，功率 40000 马力
航速	水上最高 25 节；水下最高 34 节
艇员	134 人（军官 14 人，士官士兵 120 人）
鱼雷	4 具 533 毫米鱼雷发射管
导弹	12 座垂直发射筒，37~64 枚备用导弹或鱼雷
续航力	无限
自持力	70 天

亚森级攻击型核潜艇在造船厂船坞中。

俄罗斯亚森级攻击型核潜艇

亚森级攻击型核潜艇是俄罗斯海军第四代攻击型核潜艇，俄方称为 885 号工程，由于首艇为"北德文斯克"号，西方也将其称为北德文斯克级，该型艇以阿库拉级和阿尔法级为基础发展而来，由孔雀石设计局研发，北方机械制造厂建造，计划用来替代阿库拉级、奥斯卡级等苏联时期研制的目前仍服役于海军的核潜艇，艇名的命名均采用俄罗斯城市名。

亚森级首艇"北德文斯克"号于 1993 年 12 月启动建造，但由于经费不足，1996 年建造工程几乎完全停滞，据一些报告分析当时建设进度不足 10%，1998 年下水的原计划被迫延期。2003 年，建设工程再次得到资金支持，由于已经过去了十年，不得不对最初的一些设计进行更改，尽管潜艇建造工程并未停止，但

让位于新型的北风之神级弹道导弹核潜艇建造，"北德文斯克"号直到 2010 年才得以下水，由于在试航中出现反应堆动力不足等技术问题，服役时间推迟到了 2013 年。据推测，亚森级首艇耗费 10 亿~20 亿美元资金。2009 年 7 月，亚森级第二艘艇"喀山"号动工建造，在首艇的基础上又进行了一系列改进，俄方称为 885M 型。目前，第二艘已经完成建造并开始海试，后续艇的建造也已经展开。亚森级攻击型核潜艇计划建造 7 艘，其中，885 型建造 1 艘，885M 型建造 6 艘。

885 型攻击型核潜艇（亚森级）
是俄罗斯海军隶下的一型核动力攻击型
潜艇，是俄罗斯最新的能够携载各类型
导弹的第四代多用途攻击型核潜艇。

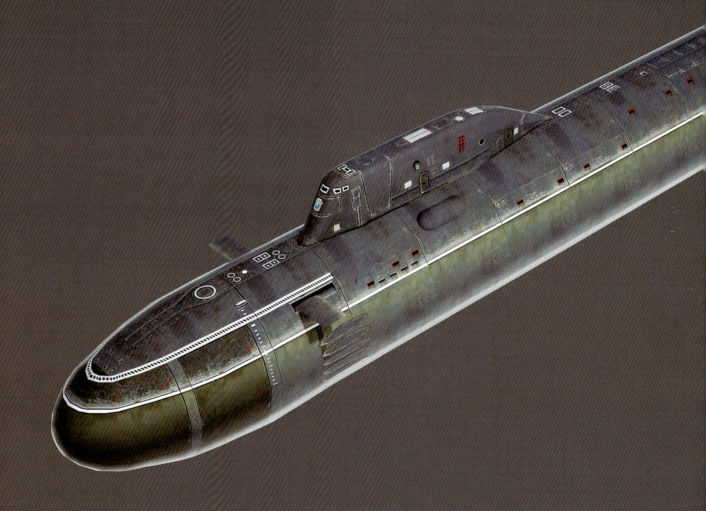

亚森级攻击型核潜艇准备下水。

亚森级攻击型核潜艇试验试航中。

亚森级攻击型核潜艇在码头停泊。

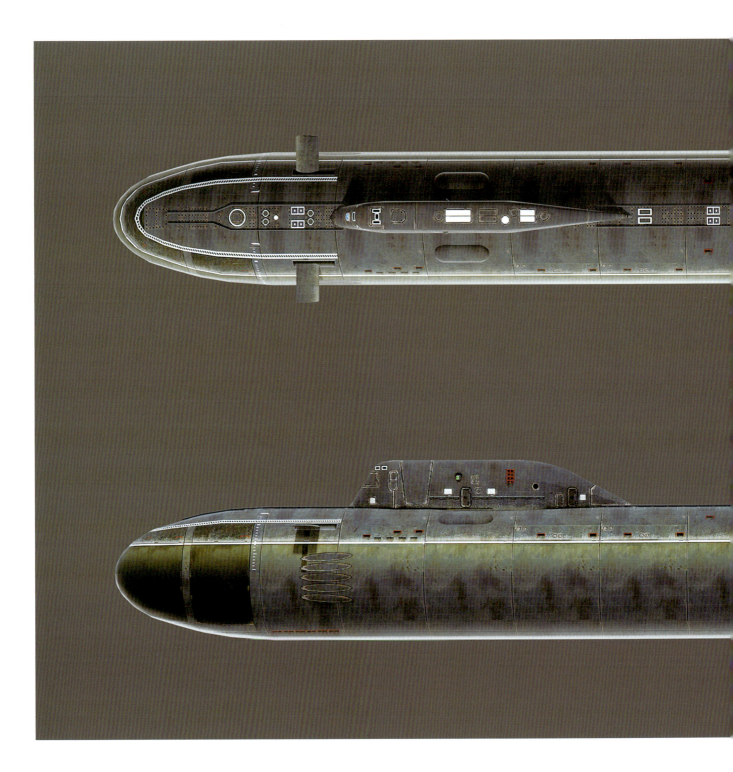

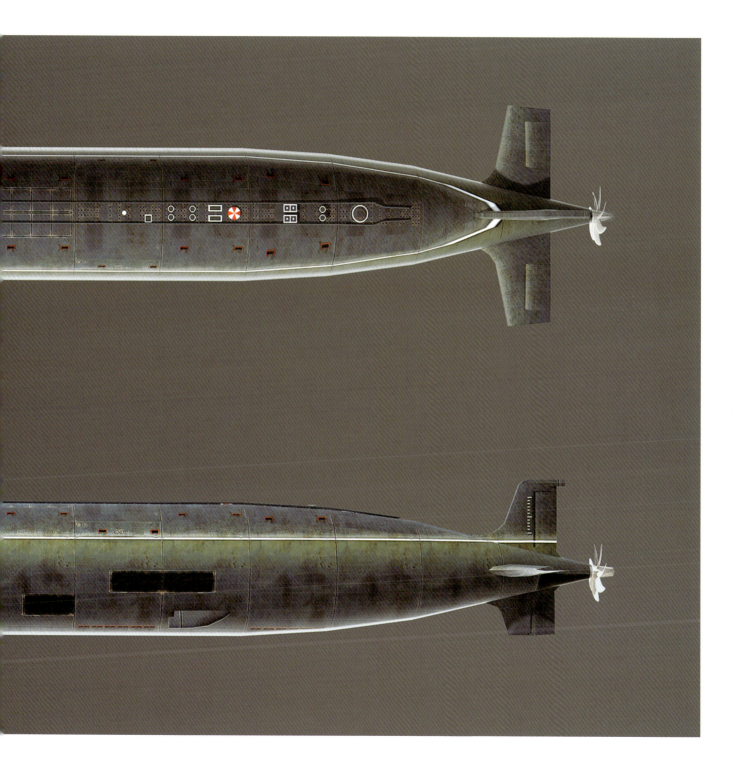

亚森级攻击型核潜艇列表

舷号	艇名	下水时间	服役时间	隶属部队	服役状态
K-329	"北德文斯克"号	2010年6月	2013年12月	北方舰队	服役中（885型）
K-561	"喀山"号	2017年3月			海试中（885M型）
K-573	"新西伯利亚"号	2019年12月			建造中（885M型）
K-571	"克拉斯诺亚尔斯克"号	未下水			建造中（885M型）
K-564	"阿尔汉格尔斯克"号	未下水			建造中（885M型）
未编号	"彼尔姆"号	未下水			建造中（885M型）
未编号	"乌里扬诺夫斯克"号	未下水			建造中（885M型）

亚森级攻击型核潜艇指挥室围壳。

亚森级攻击型核潜艇是俄罗斯海军现役最先进的攻击型核潜艇，具有噪声低、潜深大、火力强、自动化程度高等特点，能够实施反潜、反舰、对陆攻击等多种任务，其主要性能指标为：长130米，宽13米，吃水8.4米，水上排水量9500吨，水下排水量11800吨，水下最高航速28节，全艇编制85人，其中军官30人，动力装置1座KPM压水反应堆，2台蒸汽轮机，功率43000马力，单轴单桨。全艇共分为8个耐压舱室，由艏至艉分别为鱼雷舱、指挥舱、生活居住舱、导弹舱、反应堆舱、主机舱、辅机舱和艉舱。

亚森级攻击型核潜艇左右舷各装备4具650毫米的多用途液压平衡式发射装置，与俄罗斯潜艇以往的鱼雷管布置方式不同，该艇鱼雷舱布置在靠近中部的指挥室围壳下方，由于艇艏安装了大尺寸球形声呐，鱼雷管略为倾斜，艇上配备的多型鱼雷、反舰导弹、水雷等武器均由这8具多用途发射管发射和布放，以发射533毫米鱼雷为例，只需在原来的650毫米发射管内套上特制的鱼雷衬套即可，另有资料称该型艇还设有2具533毫米鱼雷发射管。为保证武器快速二次装填，该艇还装备了快速装填装置，有效提高了武器再次发射效率。885型核潜艇最大武器装载量为60枚，如果装载反舰导弹的话则须相应减少鱼雷的数量。该艇导弹舱设置有8座四联装导弹垂直发射装置，可以装载的武器包括潜射巡航导弹、潜射反舰导弹等俄罗斯海军现役多型武器，指挥室围壳内还装备了垂直发射的"针"式潜射防空导弹，亚森级几乎囊括了奥斯卡级和阿库拉级这两型核潜艇能够装载的所有导弹，导弹装备数量为32枚，超过了奥斯卡级核潜艇的载弹能力，主要搭载的导弹有"口径"巡航导弹（3M-14，射程 2500 千米，圆概率误差 2~3 米），"缟玛瑙"型反舰导弹（3M-55，射程超过 300 千米，速度 2.5 马赫，末段飞行高度可降至 5 米，巡航段采用惯性导航，末段采用主/被动雷达制导，圆概率误差 4~8 米）等。

亚森级攻击型核潜艇在综合隐身技术上也独具特色。在减振降噪方面，该级艇上凝聚了苏联/俄罗斯多年来在降噪研究方面所取得的最新成果，它采用了许多其他潜艇没有采用过的消声措施，主要包括：一是装备的核反应堆具备很强的自然循环能力，在高航速工况下无须启动主循环泵；二是对主机等主要噪声源安装了减振基座、隔音罩，艇内机械装置设计充分考虑噪声抑制；三是同时在艇内外敷设多种具有吸声性的高效消声瓦；四是采用新型 7 叶片大侧斜螺旋桨，有效消除了空气泡噪声；五是采用了全新的有源消声技术，该系统能发出与噪声振幅相同但相位相反的声音，抵消原来的噪声以达到静音目的。虽然采取了诸多措施，但是据 2009 年美国海军情报局的报告，亚森级潜艇的安静程度仍然不如美军海狼级和弗吉尼亚级核潜艇，即便如此该艇依旧是俄罗斯核潜艇中最为安静的。

亚森级攻击型核潜艇主要战术技术指标

战技指标	指标参数
排水量	水上 9500 吨，水下 11800 吨
主尺度	艇长 130 米；艇宽 13 米；吃水 8.4 米
下潜深度	工作深度 520 米；极限深度 600 米
动力系统	1 座 KPM 压水反应堆，2 台蒸汽轮机，功率 43000 马力，单轴单桨
航速	水上最高 16 节；水下最高 28 节
艇员	85 人（军官 30 人）

（续）

战技指标	指标参数
鱼雷	8 具 650 毫米鱼雷发射管，2 具 533 毫米鱼雷发射管
导弹	8 座四联装垂直发射筒，32 枚"口径"巡航导弹（惯性 + 主/被动雷达复合制导）
续航力	无限
自持力	100 天

英国机敏级攻击型核潜艇

机敏级攻击型核潜艇是英国皇家海军现役最新一代攻击型核潜艇，于冷战后开始研制，由英国 BAE 系统公司巴罗因弗内斯造船厂建造，用以取代特拉法尔加级攻击型核潜艇。与早期的快速级和特拉法尔加级相比，机敏级的外形尺寸和排水量更大，能够携带更多武器和先进电子设备，攻击能力更强，安静性也更好，其整体技术和作战性能居于世界先进水平。

机敏级攻击型核潜艇的首艇"机敏"号（S119）于 1999 年 11 月切割第 1 块钢板，2001 年 1 月 31 日举行龙骨铺设仪式，当天恰巧是英国皇家海军第 1 艘潜艇"霍兰 –1"号龙骨铺设 100 周年纪念日，特别的时间节点反映出英国皇家海军对机敏级核潜艇何等的期许。英国海军采购核潜艇通常都是逐艘购买，而机敏级是首次成批采购，共订购 3 艘，合同价值 20 亿英镑，此后又陆续订购 4 艘。英国国防部在 2010 年 10 月公布的战略审查报告中，正式确认将建造第 7 艘机敏级攻击型核潜艇。但是建造计划实施并不顺利，主要有以下几点原因：一是工程本身复杂度过高，同时大量

机敏级攻击型核潜艇
因为本级艇艇名均以字母"A"开头，
也将本级艇称为A型潜艇，是英国皇家
海军隶下的最新一级战术攻击核潜艇。

机敏级攻击型核潜艇在造船厂中建造。

机敏级攻击型核潜艇准备下水。

熟练员工被调去整修出售给加拿大的 4 艘拥护者级常规潜艇，导致机敏级进度拖延；二是 BAE 系统公司第一次使用 CAD 软件来设计核潜艇，导致整个设计与造舰部门的主要工作流程都要修改，而在设计机敏级期间，BAE 旗下船厂又得到 2 艘运输舰以及 1 艘舰队油船的订单，"手忙脚乱"的船厂使得设计建造工作大幅延迟。

机敏级攻击型核潜艇主要性能指标为：长 97 米，

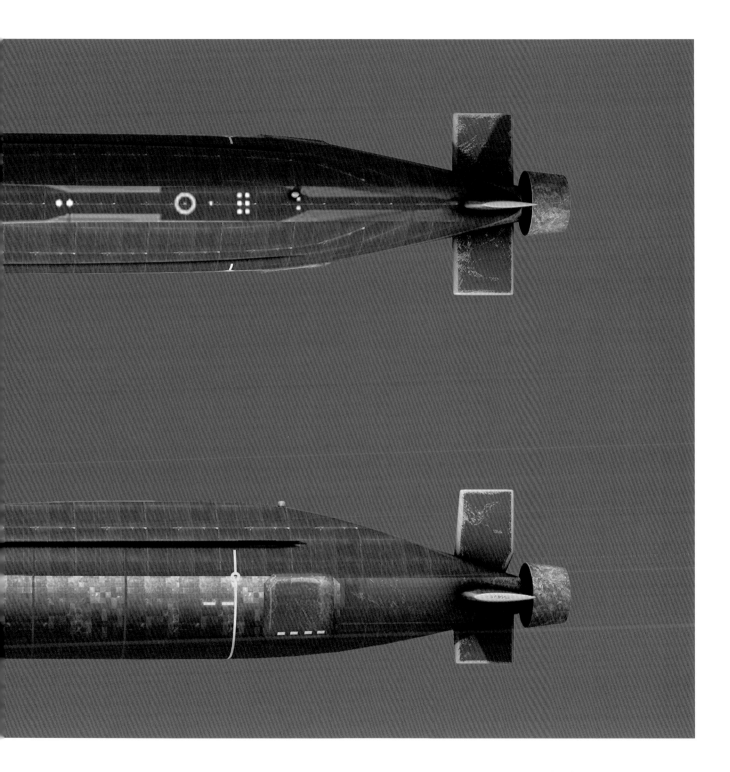

机敏级攻击型核潜艇列表

舷号	艇名	下水时间	服役时间	隶属部队	服役状态
S119	"机敏"号	2007 年 6 月	2010 年 8 月	皇家海军	服役中
S120	"伏击"号	2011 年 1 月	2013 年 3 月	皇家海军	服役中
S121	"机警"号	2014 年 5 月	2016 年 3 月	皇家海军	服役中
S122	"勇敢"号	2017 年 4 月			海试中
S123	"安森"号				建造中
S124	"阿伽门农"号				建造中
S125	"阿金科特"号				建造中

宽 11.3 米，吃水 10 米，水上排水量 6500 吨，水下排水量 7400 吨，水下最高航速 29 节，全艇编制 98 人，其中军官 18 人，动力装置为 1 座罗尔斯·罗伊斯公司研发的 PWR-2 压水反应堆，2 台蒸汽轮机，功率 27500 马力，泵喷推进。

机敏级攻击型核潜艇没有采用垂直发射系统，仍旧采用传统的鱼雷发射管布局，共装备六具 533 毫米鱼雷发射管，较以往的英国攻击型核潜艇多出一具发射管，可用于发射英国自行研制的第二代"旗鱼"型

机敏级攻击型核潜艇航行中。

机敏级攻击型核潜艇指挥室围壳及升降装置。

机敏级攻击型核潜艇舱内设备。

战技指标	指标参数
	（续）
航速	水上最高 20 节，水下最高 29 节
艇员	98 人（军官 18 人，士官士兵 80 人）
鱼雷	6 具 533 毫米鱼雷发射管，弹舱可装 36 枚
导弹	"鱼叉"反舰导弹，"战斧"巡航导弹
续航力	无限
自持力	90 天

大推力热动力鱼雷（最大航速 80~90 节）、"虎鱼"型电动线导鱼雷（据报道，21 世纪初期逐步被"旗鱼"型取代），还能够发射美制"鱼叉"型反舰导弹、"战斧"巡航导弹（BlockIII/IV 型），以及各式水雷等。从搭载武器来看，机敏级具有较好的武器运用弹性，发射管和鱼雷舱武器搭载量可达 36 枚。机敏级未来还计划装备水下无人潜航器（UUV），以及正在研制的新型复合制导短程多用途导弹武器系统，该型导弹主要用于近岸环境下打击敌方快艇、小型海防工事及反潜机等目标。

机敏级攻击型核潜艇主要战术技术指标

战技指标	指标参数
排水量	水上 6500 吨；水下 7400 吨
主尺度	艇长 97 米；艇宽 11.3 米；吃水 10 米
下潜深度	极限深度 300 米
动力系统	1 座 PWR-2 压水反应堆，2 台蒸汽轮机，功率 27500 马力，泵喷推进

德国 212 型常规潜艇

212 型常规潜艇是德国现役最新型的常规潜艇，该艇由德国霍瓦兹造船公司、北海蒂森公司以及吕贝克工程事务所联合设计，由霍瓦兹造船公司与北海蒂森公司各自分别建造，用来替代即将退役的 206 型常规潜艇。该型潜艇除传统的柴油发动机外还装备了不依赖空气推进（AIP）系统，该系统能源供应采用西门子公司的质子交换膜燃料电池，可以使潜艇极为安静地在水下潜航 3 周以上，无须上浮至水面用柴油机为蓄电池充电，极大地提高了该型潜艇的隐蔽性、水下续航力与自持力。214 型潜艇为 212 型潜艇的外贸型。

212 型潜艇在造船厂中。

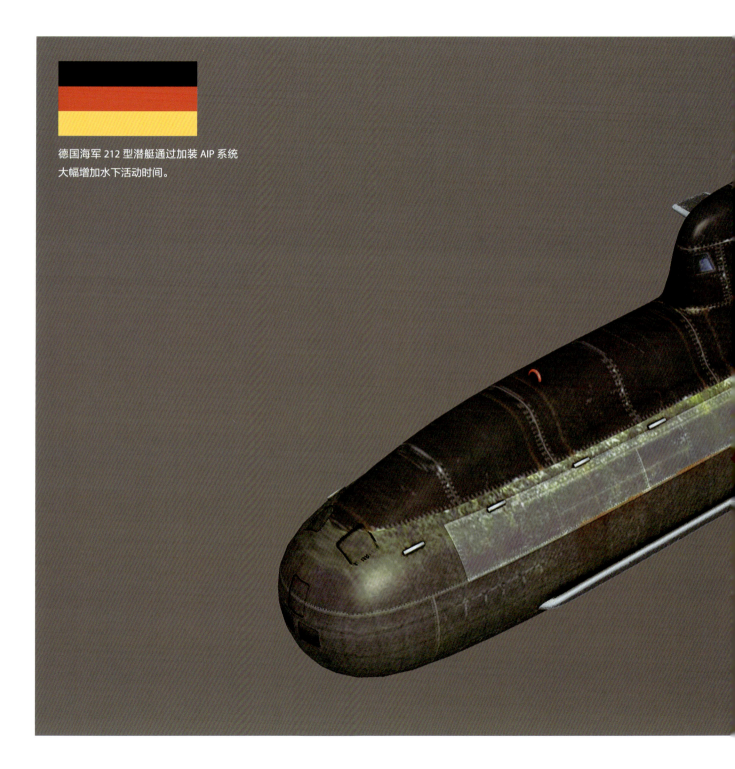

德国海军 212 型潜艇通过加装 AIP 系统
大幅增加水下活动时间。

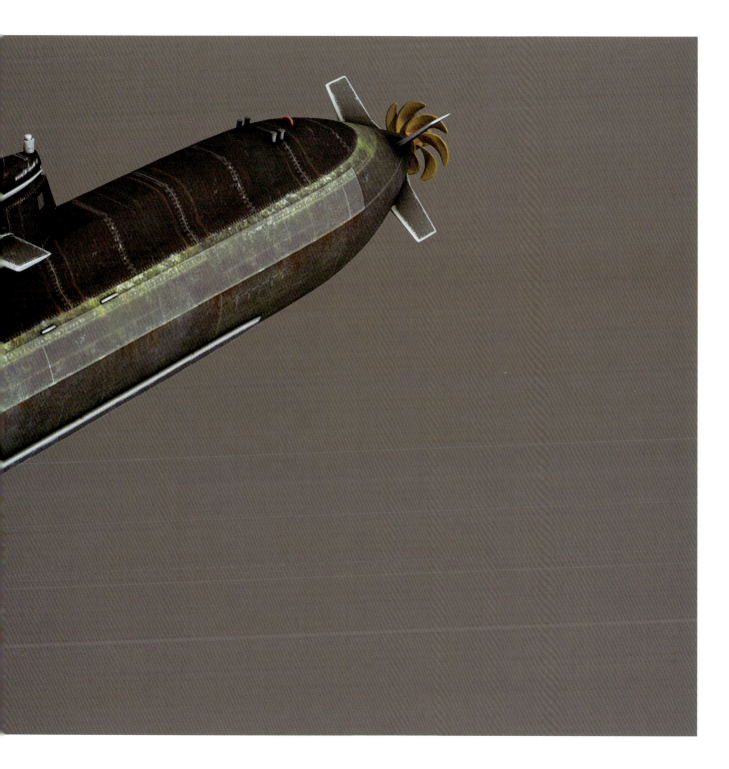

212 型常规潜艇列表

舷号	艇名	下水时间	服役时间	隶属部队	服役状态
S181	U-31	2002 年 3 月	2005 年 10 月	德国海军	服役中
S182	U-32	2003 年 12 月	2005 年 10 月	德国海军	服役中
S183	U-33	2004 年 9 月	2006 年 6 月	德国海军	服役中
S184	U-34	2006 年 7 月	2007 年 5 月	德国海军	服役中
S185	U-35	2011 年 11 月	2015 年 3 月	德国海军	服役中
S186	U-36	2013 年 2 月	2016 年 10 月	德国海军	服役中
S187	U-37				计划中
S188	U-38				计划中
S526	"萨尔瓦多·托达罗"号	2003 年 11 月	2006 年 3 月	意大利海军	服役中
S527	"希雷"号	2004 年 12 月	2007 年 2 月	意大利海军	服役中
S528	"彼得罗·维努蒂"号	2014 年 10 月	2016 年 7 月	意大利海军	服役中
S529	"罗密欧·罗梅"号	2015 年 7 月	2017 年 5 月	意大利海军	服役中

212 型常规潜艇是德国优良造船工艺和尖端科技的结晶，是世界率先采用燃料电池的 AIP 潜艇。212 型常规潜艇艇体为单双壳混合结构，主压载水舱布置在双壳体结构舱段的舷间以及艏艉部位，采用外光滑水滴线形设计，拥有最佳的长宽比，艇艉呈圆锥形尖尾，单轴单桨推进，为保证潜艇在近海浅水中获得良好的水下操纵性，选用了 X 型结构尾舵。全艇由艏至艉共有 4 个舱室，分别为首舱、指挥舱、燃料电池舱和动力舱。首舱主要布置鱼雷发射管，存放备用鱼雷，还设置了艇员居住舱及应急逃生口。指挥舱布置了声呐、观通、导航、潜操以及作战指挥中心等部门，还设置了军官居住舱。燃料电池舱主要安放燃料电池模块及相应设备。动力舱装备主机、推进电机以及相应辅助设备。

212 型常规潜艇主要性能指标为：长 56 米，宽 6.8 米，吃水 6.4 米，水上排水量 1450 吨，水下排水量 1830 吨，水下最高航速 20 节，全艇编制 27 人，动力装置为燃料电池与柴电混合动力系统，单轴单桨。

212 型常规潜艇最具特色的装备是艇上的 AIP 系统中的燃料电池，该型潜艇上的燃料电池主要由 9 组质子交换燃料电池模块、14 吨液氧储存罐以及 1.7 吨氢储存柜组成，每组燃料电池模块的输出功率为 34 千瓦，9 组的燃料电池总输出功率 306 千瓦。其工作原理是在一个特殊的燃烧室内使氢与氧发生化学反应直接生成电能，输出电能驱动直流电机推动潜艇前进，最高航速可达 6.5 节。柴电动力由 1 个 MTU16 396 型柴油发电机组（功率为 1341 马力）、1 台交流发电机、1 台西门子推进电机（功率为 2280 马力）、高能蓄电池组和配电设备组成。该型艇水面航速为 8 节，续航距离为 8000 海里，使用燃料电池和蓄电池组水下续航距离超过 1638 海里。

212 型潜艇航行中。

212 型潜艇舱内战位。

212 型潜艇舱内设备。

212 型潜艇 X 型尾舵。

212 型常规潜艇装备 6 具 533 毫米鱼雷发射管，能够发射 DM2A3 型和 DM2A4 型鱼雷。这两型鱼雷是在 STU 型和 SST-4 型鱼雷的基础上改进而成，鱼雷上装有智能化的电子系统以及先进的水声探测和引信系统，可用于反舰和反潜，全艇总共可携带 12 枚鱼雷或 24 枚水雷。

212 型潜艇的隐身性能非常优异，主要体现在以下几个方面：一是从总体设计上降低潜艇的湿表面积，减少被敌方主动声呐探测的反射截面；二是采用 7 叶片大侧斜低噪声螺旋桨；三是内部机械安装高性能减振基座，与艇体连接的管路采用挠性连接；四是将主机和辅机置于一个舱室，并装设在一个整体浮筏减振基座上；五是艇体采用外光顺设计，尽最大可能减少突出物和艇体开口数量，指挥室围壳、主压载水舱进排水口、鱼雷发射管口等开口部位均装有活动盖板，并与艇体形成光滑连接，有效降低了航行水流噪声；六是艇体表面和升降装置涂有吸收声波和雷达波的材料，艇体采用低磁钢并配备消磁系统，若监测到本艇磁异常可及时为艇体消磁。

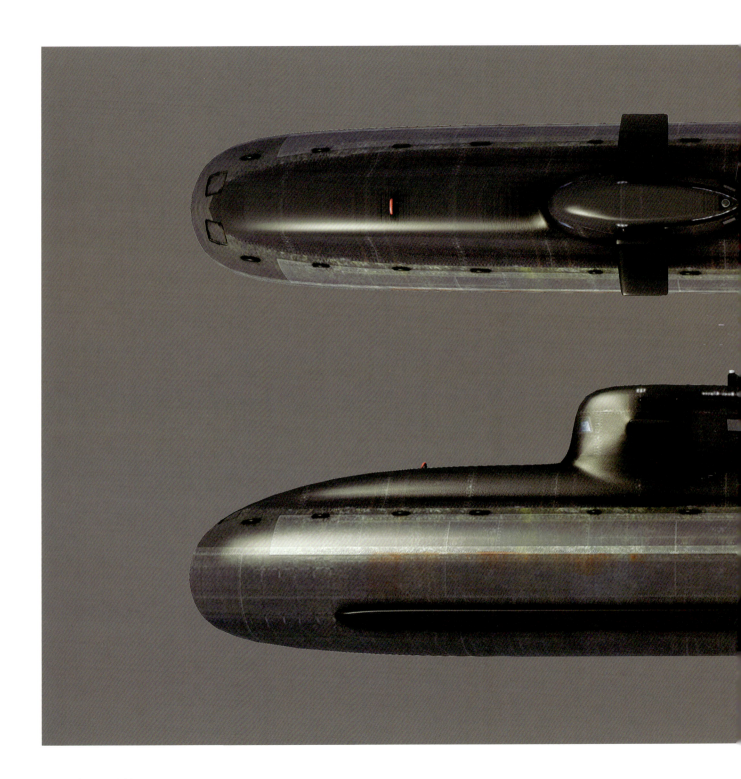

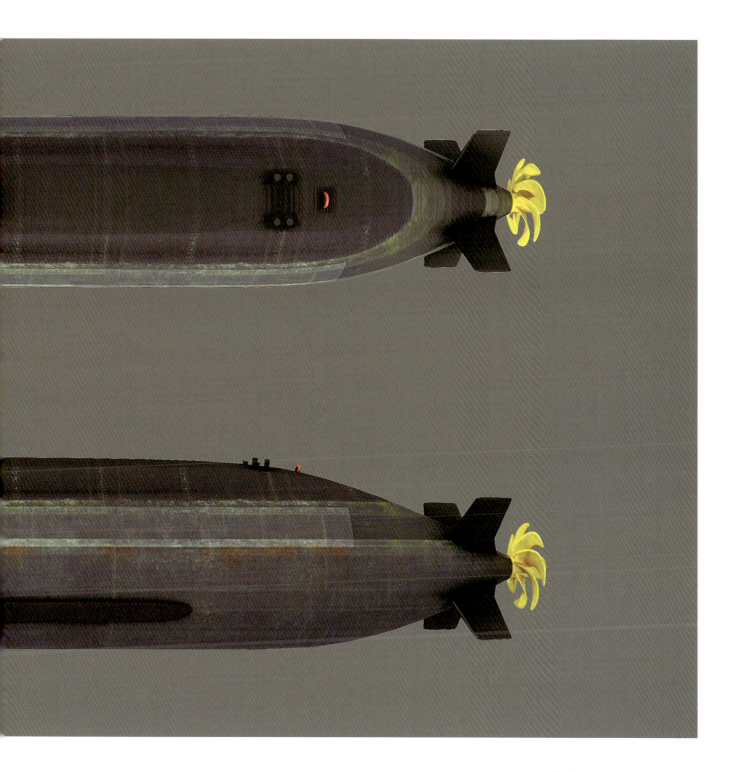

212 型常规潜艇主要战术技术指标

战技指标	指标参数
排水量	水上 1450 吨；水下 1830 吨
主尺度	艇长 56 米；艇宽 6.8 米；吃水 6.4 米
下潜深度	极限深度 300 米
动力系统	燃料电池与柴电动力混合动力系统，功率 1700 千瓦
航速	水上最高 12 节；水下最高 20 节
艇员	27 人
鱼雷	6 具 533 毫米鱼雷发射管
续航力	8 节航速航行，航程为 8000 海里
自持力	45 天

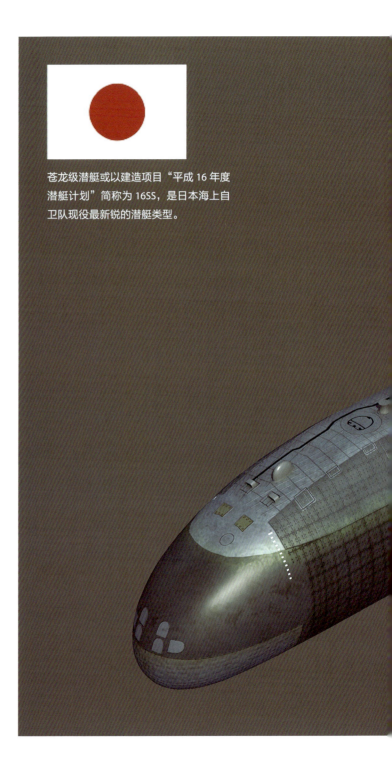

苍龙级潜艇或以建造项目"平成 16 年度潜艇计划"简称为 16SS，是日本海上自卫队现役最新锐的潜艇类型。

日本苍龙级常规潜艇

　　苍龙级常规潜艇是日本海上自卫队现役最新型常规潜艇，也是世界上排水量最大的常规潜艇，由川崎重工和三菱重工建造，其主要任务是反潜、反舰、布雷、情报收集、水文和海底地形测绘等，具有排水量大、噪声低、潜航时间长、稳定性好等特点，是一型既能执行近海巡逻警戒任务，又适合远洋作战的大型多用途常规潜艇，是目前世界上最先进的常规不依赖空气推进（AIP）潜艇之一。2007 年起，日本海上自卫队不再使用潮汐或海洋生物为潜艇命名，改用带有吉祥意义的动物命名，该型艇首艇"苍龙"号与 2 号艇"云龙"号的命名继承了二战前日本制造的"苍龙"号与"云龙"号航空母舰的名字，这种带有军国主义痕迹的命名从一个侧面暴露了日本海上自卫队的野心。

苍龙级潜艇在造船厂建造中。

苍龙级潜艇下水仪式。

苍龙级常规潜艇列表

舷号	艇名	下水时间	服役时间	母港	服役状态
SS-501	"苍龙"号	2007 年 12 月	2009 年 3 月	广岛县吴市	服役中
SS-502	"云龙"号	2008 年 10 月	2010 年 3 月	广岛县吴市	服役中
SS-503	"白龙"号	2009 年 10 月	2011 年 3 月	广岛县吴市	服役中
SS-504	"剑龙"号	2010 年 11 月	2012 年 3 月	广岛县吴市	服役中
SS-505	"瑞龙"号	2011 年 10 月	2013 年 3 月	神奈川县横须贺市	服役中
SS-506	"黑龙"号	2013 年 10 月	2015 年 3 月	神奈川县横须贺市	服役中
SS-507	"仁龙"号	2014 年 10 月	2016 年 3 月	广岛县吴市	服役中
SS-508	"赤龙"号	2015 年 11 月	2017 年 3 月	广岛县吴市	服役中
SS-509	"青龙"号	2016 年 10 月	2018 年 3 月	神奈川县横须贺市	服役中
SS-510	"翔龙"号	2017 年 11 月	2019 年 3 月	广岛县吴市	服役中
SS-511	"凰龙"号	2018 年 10 月	2020 年 3 月	广岛县吴市	服役中
SS-512	"斗龙"号	2019 年 11 月			建造中

苍龙级常规潜艇采用了瑞典哥特兰级常规潜艇的斯特林发动机系统，是日本首次采用该技术的AIP潜艇，苍龙级共搭载了4台斯特林发动机，为了安装新增的4台斯特林发动机，苍龙级比亲潮级的水上排水量增加约200吨，艇体延长2米左右。苍龙级常规潜艇艇体设计与亲潮级基本相同，采用了外光顺的雪茄形线型设计。为兼顾近海和深海作战能力，耐压艇体采用NS110型合金钢，屈服强度高达1000兆帕，该级潜艇

苍龙级潜艇舱内战位。

苍龙级潜艇舱内设备。

极限下潜深度可达600米，工作深度达500米，在常规潜艇中深潜能力可谓遥遥领先，明显优于俄罗斯基洛级常规潜的300米极限深度。苍龙级采用X形尾舵，使其获得比传统十字形尾舵更高的机动性，适合在水文情况复杂的近海作战。而在潜艇潜坐海底与靠泊时，X形设计还减小了尾舵损坏的概率。

苍龙级常规潜艇的主要性能指标为：长84米，宽9.1米，高10.5米，水上排水量2900吨，水下排水量4200吨，水下最高航速20节，采用斯特林发动机水下航速4~5节，全艇编制65人，动力装置为2台柴油机，1台推进电机，4台斯特林发动机，功率5.96兆瓦，单轴单桨。

苍龙级常规潜艇装备6具533毫米HU-605型鱼雷发射管，分为上下两层水平布置排列，上层2具，下层4具，能够发射日本89式鱼雷，美制MK-37鱼雷、"鱼叉"型反舰导弹，以及布放日本智能水雷，具有较强的通用性。89式鱼雷是日本三菱重工研制的重型鱼雷，源自美国Mk-48鱼雷，可用于反潜和反舰，壳体为高强度铝合金材料，适合大深度海域作战使用（浅海使用性能不佳），航行时航迹小，自噪声低，鱼雷直径533毫米，弹长7000毫米，质量1.579吨，最大速度55节，最大航程50千米，最大潜深900米，其动力系统属半封闭循环系统，制导方式为光纤线导+主/被动声自导，线导方式采用日本独有的声图像制导模式，鱼雷被动声自导最大有效作用距离为2000米，性能世界领先，其他国家鱼雷被动声自导作用距离基本都在1000~1500米。

苍龙级常规潜艇采用了诸多先进隐身技术，主要包括以下几个方面：一是采用外光顺雪茄形线型艇体；

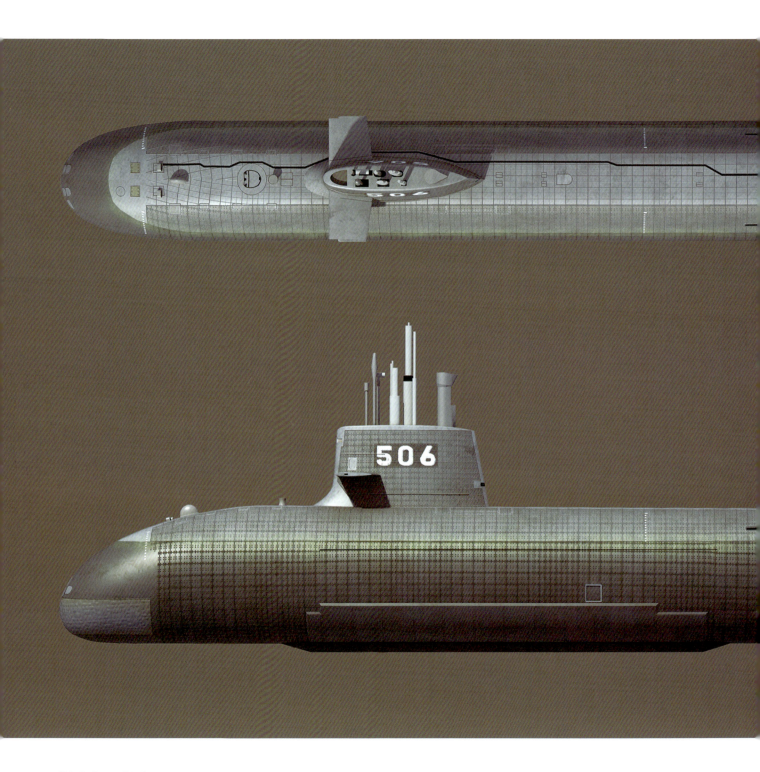

二是在艇体和指挥室围壳侧面敷设消声瓦，消声瓦采用橡胶材料，以黏合剂与艇体接合并用螺钉固定，避免因黏合剂失效导致消声瓦脱落；三是机械设备安装在浮筏基座上，基座与艇体采用柔性连接，避免了艇内机械噪声传导至艇外；四是采用 7 叶片高曲率低噪声螺旋桨。为进一步提高持续潜航时间与速度，日本计划从第 11 艘"凰龙"号开始，以更先进的锂电池取代铅酸蓄电池，预计能将苍龙级的水下作战时间增加45%。

苍龙级常规潜艇主要战术技术指标

战技指标	指标参数
排水量	水上 2900 吨；水下 4200 吨
主尺度	艇长 84 米；艇宽 9.1 米；吃水 8.5 米
下潜深度	工作深度 500 米；极限深度 600 米
动力系统	2 台柴油机，1 台推进电机，4 台斯特林发动机，功率 5.96 兆瓦，单轴单桨
航速	水上最高 12 节；水下最高 20 节
艇员	65 人
鱼雷	6 具 533 毫米鱼雷发射管，弹舱可装 24 枚
续航力	6.5 节航速航行，航程为 7060 海里
自持力	45 天

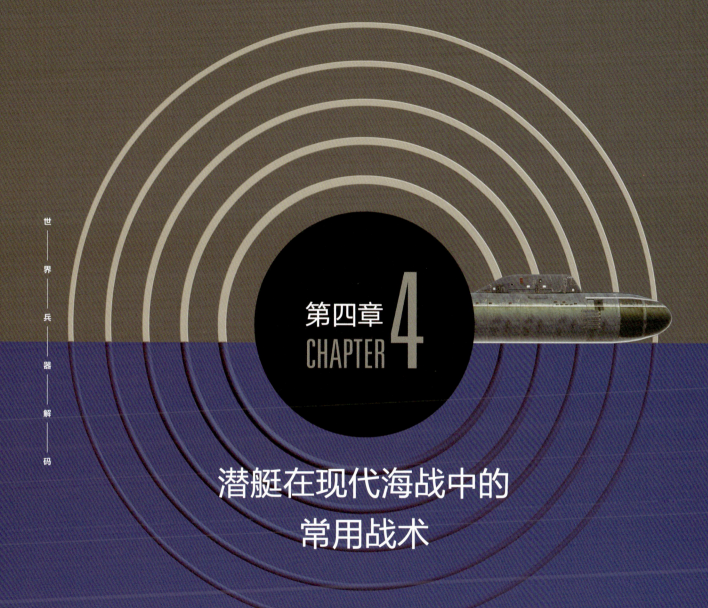

第四章
CHAPTER 4

潜艇在现代海战中的
常用战术

潜艇战术是潜艇进行战斗的方法，属于海军兵种战术。潜艇战术伴随着潜艇兵力的产生、运用不断发展，也随着反潜兵力能力的提升而不断迭代完善。20世纪初，潜艇作为一支新生力量进入海军作战序列。第一次世界大战初期，各参战国将潜艇兵力用于近海防御，部署于己方近海防御阵地，或敌方舰船停靠基地、港口附近，以及海峡、水道等必经航路，行动上以单艇伏击或隐蔽突袭为主。随着潜艇远洋作战能力的提升，潜艇作战海区进一步拓展，能够在大洋中执行有限区域巡航任务，仍旧延续单艇独立行动方式，主要从水面用火炮或鱼雷对非武装的或无护航兵力的运输船实施攻击。第二次世界大战期间，潜艇作战能力有了更为全面的提升，各国潜艇部署数量大幅增加，反潜兵力也得到快速增强，潜艇发起攻击不得不从水面转向水下，并加强了与海军其他兵力的协同配合，最具代表性的是德国海军实施的"狼群"战术。第二次世界大战以后，随着核动力、潜射导弹、水声探测等关键技术的发展，潜艇的续航力、机动性、隐蔽性与作战能力不断提高，使用范围进一步扩大，对陆打击、水下反潜、特种作战等任务的拓展成为潜艇作战运用的新亮点。

潜艇基本作战原则

隐匿行踪、出其不意

潜艇在执行任务之前应秘密地进行战斗准备，可综合采取伪装、佯动措施，迷惑敌方。严格按照计划实施作战指挥和通信，确保潜艇在出航、航渡、接战、撤离等战斗过程中全程隐蔽。执行任务中保持无线电静默，严格控制主动声呐和高噪声机械设备的使用，尽量减少潜艇上浮次数，充分利用作战海域地理、气象、水文条件等因素保持隐蔽。

攻守兼备、果断出击

潜艇在执行任务中，在敌人反潜兵力的围追堵截下，随时可能暴露行踪并遭到攻击，己方潜艇部队必须组织积极有效的防御，综合利用水声监听和无线电监测设备严密侦察敌情，力争先敌发现，先敌攻击，采用科学的航线筹划，有效规避敌方反潜兵力的搜索和攻击，正确把握战机，一旦条件具备果断实施反击。

独立突击、多维协同

为充分发挥潜艇隐蔽性优势，一艘潜艇即可独立承担作战任务，根据任务需要也可以由2~3艘潜艇组成战术群，或多艘潜艇组成潜艇幕[○]执行作战行动。在条件允许的情况下，潜艇可与海军或其他军种的相关兵力协同配合，互相支援，发挥体系作战威力。

积极主动、随机应变

潜艇在执行作战任务中，为保证隐蔽性必然要牺牲与上级指挥部通信联系的实时性，一旦战况发生重大变化时，不具备条件与上级指挥部联系或上级指挥中断，这时，应当充分发挥潜艇的战斗积极主动性，在不违背上级总体战略意图和作战企图的前提下，灵活运用战术，积极寻找战机，主动抓住战机，正确地进行机动和攻击。

预先埋伏、以逸待劳

潜艇通常在战役或战斗打响之前，进入作战海域隐蔽待机，当敌方舰船通过潜艇展开区域或接到上级突击命令时，发起对敌攻击。指挥所综合分析作战任务、海区条件、敌反潜兵力部署等要素，确定潜艇预先展开时机。充分预留潜艇补充侦察时间，并考虑应付意外情况的时间损耗，必要时组织兵力为潜艇预先展开提供掩护，确保潜艇及时安全到达预定作战海域。

统一指挥、周密保障

潜艇作战通常由指挥所实施集中统一指挥，指挥所直接向单艇或潜艇战术群下达命令，指挥方法以预案指挥为主，临机指挥为辅，及时通报情况，组织可靠引导。根据作战任务、敌情、海区水文气象地理情况及潜艇战斗出动强度，周密组织对潜艇实施综合保障，建立可靠的对潜指挥通信体系，组织海军其他兵力特别是航空兵对潜艇进行支援和掩护，建立完善的潜艇驻泊保障体系，能够实施快速补给和提供有效技术支持，使潜艇能够快速恢复战斗力，增强持续作战能力。

作战行动中的潜艇基本战术

在现代海战中，潜艇主要遂行打击敌方陆上目标、攻击敌方水面舰船、攻击敌方潜艇、实施布雷等任务，潜艇根据不同任务特点，通常使用阵地伏击、区域游猎、引导截击等战术。

阵地伏击

阵地伏击通俗地讲有点"守株待兔"的意味，是潜艇最早用于袭击海上舰艇的传统战法。通过情报判断，潜艇预先进入敌方舰艇航行海区的水下伏击阵地，伏击阵地通常位于敌方舰艇部署的基地、港口、海峡、水道以及敌方舰艇必经航路的附近海域，待敌方舰艇通过时发起突然袭击，能够有效封锁敌海上交通线。

阵地伏击战术具有以下特点：

① 能充分发挥潜艇隐蔽性的优势，进入阵地的潜艇可以采用低噪声待机或潜坐海底等方式隐匿行踪。

○ 集中使用潜艇作战时，将艇群配置成幕状的配置样式。 ——编者注

② 能够有效弥补常规动力潜艇水下航速慢的弱点，提前进入伏击阵地。

③ 能够提高攻击通过伏击阵地的敌方舰艇的成功率。

④ 能够控制的阵地范围小，对情报准确度依赖较高。一旦阵地选择不当，"守株待兔"将永远等不来"兔子"，阵地伏击战术也将失去意义。

区域游猎

区域游猎简称游猎或战斗巡逻，是潜艇袭击海上舰艇的方法之一，与阵地伏击相比更为积极主动一些，潜艇通常在指定海域采取航行与待机相结合的方式，主动搜寻和袭击敌方舰艇。

区域游猎战术具有以下特点：

① 能够以少量潜艇在较广阔海区给敌方造成威胁。

② 能够充分发挥潜艇指挥员的积极性、主动性和灵活性，有利于寻找并创造战机。

③ 如果对敌情报质量不高，巡航中与敌方舰艇遭遇概率偏低。

引导截击

引导截击具有鲜明的联合作战特征，是潜艇袭击海上舰艇的方法之一。潜艇在指挥所或侦察兵力引导下，在敌方舰艇或舰艇编队航向前展开，并实施截击，引导截击通常应用于较为开阔的海域。

引导截击的特点是：

① 作战任务针对性强，能在敌方舰艇航向前方较

宽海域实施遮拦，潜艇与目标的遭遇概率较高。

② 能够集中调用潜艇兵力，对目标实施连续攻击。

③ 引导截击对侦察情报保障要求高，在引导指挥过程中涉及频繁的对潜通信，组织实施较复杂。

潜艇作战行动的组织实施

潜艇攻击水面舰艇作战行动

和平时期，海运作为国际大宗商品的主要运输方式，在大洋之中往来穿梭，成为连接世界各国经济贸易的重要纽带。战争时期，海运作为兵力投送、战备物资运输的重要方式，同样发挥着不可替代的作用。实施海上运输的装备主要有登陆舰、货船、油船、特殊用途舰船等，通常由水面战斗舰艇为这些舰船提供护航。水面战斗舰艇能够执行对陆打击、反舰、防空和反潜等综合性任务，具备非常强大的作战能力。为此，在战时夺取制海权，打击敌海上交通线，需要对敌方水面战斗舰艇和运输舰船发动攻击，潜艇是执行这一战时重要任务的骨干力量。海上军事斗争的实践经验表明，潜艇是打击敌水面战斗舰艇和运输舰船非常有效的兵力，现代潜艇不仅装备鱼雷、水雷等传统反舰武器，还能够发射反舰导弹从更远的距离对水面战斗舰艇和运输舰船实施突袭，这使得潜艇作战运用的灵活性进一步增强。

潜艇攻击水面战斗舰艇的组织实施

潜艇对敌方水面战斗舰艇实施突然攻击，目的是

通过消灭或削弱敌方海上有生力量，夺取局部海上优势，作战行动可由攻击型核潜艇、巡航导弹核潜艇、常规动力潜艇等单独或组成战斗群实施，也可与海军其他兵力协同实施。

水面战斗舰艇对潜艇具有较强的威慑力，潜艇对水面战斗舰艇进行袭击时，必须确保隐蔽接敌，既可以使用潜艇兵力实施连续突击或集中突击，也可以与海军其他兵力协同突击。潜艇单艇或潜艇战斗群对水面舰艇攻击，按照突击顺序，一般使用反舰导弹先行突击，而后进一步使用鱼雷攻击扩大战果。潜艇与水面舰艇或航空兵协同对敌方水面舰艇攻击，通常按区域协同、分别突击的方式确定突击顺序，在保证互不妨碍突击行动、不造成友军误伤的前提下，尽量缩短突击间隔时间。实施袭击时，根据侦察所获情报资料和对敌情的综合分析判断，将潜艇预先展开在敌方水面战斗舰艇编队必经的航路或可能通过的海域，待机期间严密侦察搜索敌方舰艇编队，或在指挥所引导下实施隐蔽接敌。发现目标后，占领有利攻击阵位，对其实施导弹或鱼雷攻击。

下面以潜艇发射反舰导弹攻击水面舰艇为例说明作战流程。

潜艇发射反舰导弹对敌方水面舰艇实施攻击，可依托单艇实施，也可由潜艇战斗群实施。反舰导弹攻击的特点是：攻击距离远，阵位选择灵活，占领阵位简便，但反舰导弹攻击需要指挥所或侦察兵力提供目标指示，反舰导弹在突防过程中可能遭遇敌方干扰和火力拦截。按反舰导弹攻击方式，分为直接观察导弹攻击和超视距导弹攻击。

直接观察导弹攻击

潜艇或潜艇战斗群依靠自身的观察设备搜索发现目标，占领攻击阵位并实施的导弹攻击，攻击通常在敌方声呐有效作用距离之外的水下发起，具有射击误差小，攻击隐蔽突然等优点。但由于潜艇自身探测能力相对较弱，观察发现目标的距离小于导弹射程，难以发挥导弹射程远的优势。

超视距导弹攻击

由引导兵力或指挥所将潜艇引导进入攻击目标的有效射程，为潜艇提供目标指示，保障潜艇实施攻击，充分发挥反舰导弹射程远的优势，但对侦察引导保障要求较高，指挥通信相对复杂，导弹飞行距离远留给敌方预警和抗击时间窗口相对较长。引导兵力通常为固定翼飞机、舰载直升机或水面舰艇，在近海也可由观通站担任，引导兵力与被指示攻击目标要保持一定夹角，引导兵力通常配置在潜艇的侧前方一定距离，以保证引导兵力避开潜艇导弹发射危险区。

单艇导弹攻击流程：

① 潜艇自主发现或引导兵力报告目标位置、航向和航速。

② 占领导弹有效射程内命中概率高、隐蔽安全的发射阵位。

③ 潜浮至导弹发射深度，装定导弹诸元，完成导弹发射准备。

④ 转入战斗航向，发射导弹。

⑤ 导弹发射后，根据战场情况，再次实施攻击，以扩大战果。

⑥ 下潜到大深度，以最大低噪声航速，选择与目

标航向相反或行动预案方向，隐蔽撤出战斗，同时加强对周边海域侦察，做好防御准备，免遭敌方反潜兵力的攻击。

潜艇战斗群导弹攻击流程：

① 侦察潜艇或引导兵力通过隐蔽通信方式将目标位置、航向和航速等要素报告战斗群指挥所。

② 战斗群指挥所将情报分发至战斗群其他潜艇，并下达攻击命令和导弹攻击方案。

③ 战斗群各艇快速隐蔽占领发射阵位。

④ 潜浮至导弹发射深度，装定导弹诸元，完成导弹发射准备。

⑤ 按统一命令或命令预定时间进行导弹齐射，齐射时，各艇首枚导弹可同时发射，其余导弹各艇可根据导弹性能进行齐射，或按允许的最短时间间隔发射。

⑥ 完成导弹齐射后，立即潜入大深度，选择与目标航向相反或按攻击方案规定的方向，以最大低噪声航速撤出战斗，同时加强对周边海域侦察，做好防御准备，免遭敌方反潜兵力的攻击。

潜艇攻击护航运输队的组织实施

古人云，"兵马未动，粮草先行"。在现代战争中，海上运输队是对战斗舰艇、驻岛部队等兵力实施物资供应的主要力量，在执行海上后勤保障中发挥着重要作用。潜艇对敌方海上护航运输队实施突然攻击，目的是消灭敌方运输舰船，切断其海上运输补给线，是潜艇的主要作战样式之一，通常由攻击型核潜艇、巡航导弹核潜艇、常规动力潜艇实施，也可与海军其他兵力协同实施。

潜艇对运输舰船实施攻击需要突破多层警戒。在护航运输队配备反潜直升机的情况下，潜艇突破过程中要隐蔽侦测反潜直升机出没方位，选择有利于接近敌护航队主航向的方向突破，可采用大深度低噪声航行，机动过程中加强水声观察。当反潜兵力部署在运输队外围较远距离时，潜艇应尽可能避免被反潜兵力侦搜，寻找反潜兵力搜索盲区，隐蔽突破搜索带后迅速接近运输舰船。当反潜兵力部署在运输队外围较近距离，潜艇应判断是否能够突破敌方护航舰艇警戒区，一旦战机出现，潜艇可根据敌方运输队与己方相对位置、敌方警戒舰艇部署情况和海区水文气象条件，采取正面突破、侧面突破或迂回突破等方式，选择从两舰之间或一舰航线下方穿越，突破中应及时调整航向、航速和深度，隐蔽突破后对运输舰船发起攻击。当潜艇难以保持隐蔽或突破行动受阻时，可采取边突破边攻击的方法，先攻击敌警戒舰艇，再攻击运输舰船。

下面以潜艇发射鱼雷攻击运输舰船为例说明作战流程。

潜艇可在潜望深度或大深度，使用直航鱼雷、自导鱼雷或线导鱼雷对敌方单艘运输舰船或运输舰船编队实施攻击，攻击可以由单艇发起，也可由潜艇战术群或潜艇幕实施。潜艇鱼雷攻击作战流程，通常包括侦察探测、目标识别、接敌机动、占领射击阵位、发射鱼雷、撤离或规避机动等过程，具体的单艇作战流程如下：

① 侦察探测。潜艇应当根据任务要求、海域水文气象条件，选择有利于侦搜目标的深度和航行状态，综合使用水声、电子、光学等侦察探测设备进行搜索，

争取尽早发现目标，也可接受指挥所和侦察兵力引导发现攻击目标。

② 目标识别。潜艇侦察、探测设备对目标实施连续跟踪，结合敌舰技术装备性能特征和上级的敌情通报进行分类、识别、综合分析，最终确认攻击目标，解算潜艇与目标的距离、舷角和航速等概略战术态势，为接敌机动提供基本依据。

③ 接敌机动。潜艇在接敌过程中应当处理好接敌、探测、目标定位与保持隐蔽性之间的关系。机动过程中，使用探测设备持续对敌跟踪、监测、补充识别，完成目标运动要素的测定与解算，综合战术背景、双方初始态势、海区水文气象、水声传播条件、本艇机动能力以及鱼雷性能等因素，选择有利航向、航速、深度隐蔽接敌，接敌机动可采用方位航向、接近航向、离开航向、反航向机动等多种方式。根据敌我距离、敌舷角、方位变化量、对目标估计航速等要素，选择有利射击阵位，确定射击预案及鱼雷种类使用，完成鱼雷及其发射系统的发射前准备。

④ 发射鱼雷。鱼雷射击阵位既要保证鱼雷有较高命中概率，也要避免遭受敌方反潜兵力威胁。占位方案确定后应快速实施占位机动，校正目标运动要素，解算装定鱼雷射击诸元，发射鱼雷攻击目标。

⑤ 撤离或规避机动。实施鱼雷攻击后，下潜至大深度，以最大低噪声航速撤离或规避机动，通过侦察、探测判明攻击效果，视情况再次实施攻击。

潜艇反潜作战行动

遏制敌方潜艇威胁，发现、驱离、消灭特定海域的敌方潜艇，是现代潜艇的一项重要使命任务。用潜艇实施反潜作战颇有些"自相矛盾"的意味，因为双方潜艇很可能都具有较强的隐蔽性，都具有较强的侦察探测能力，都具有较大的自持力和续航力，都能在水下发射导弹、鱼雷和布设水雷，突击威力都比较强。但是在敌我对抗中，如果积极把握战机，运用得当，仍可将我方潜艇的优势积累为胜势。假定我方潜艇处于近海防御区内，岸基的反潜兵力可以对我方潜艇实施支援，敌侦察兵力前出受到我方威胁，为敌方潜艇提供情报有限，敌方潜艇主要依靠自身探测设备进行侦察，由于艇上侦察探测设备作用距离相对较近，其观察范围受限，我方对敌我态势掌握即可占有优势；敌方潜艇劳师远征，水下通信联络较为困难，不易建立双向实时的远距离信息通道，难以完成兵力协同，作战指挥上我方占有优势；另外，我方充分发挥自身装备技术优势，掌握敌方潜艇目标特征，在水下战场也有机会赢得先机。因此，采用潜艇实施反潜作战不仅是可能的，而且还能有所作为。

潜艇反潜作战通常采用鱼雷实施攻击，作战流程与潜艇发射鱼雷攻击水面舰艇相似，可分为侦察探测、目标识别、接敌机动、占领射击阵位、发射鱼雷、撤离或规避机动等几个步骤，通常采用自导鱼雷或线导鱼雷，攻击可以由单艇发起，也可由潜艇战术群或潜艇幕实施。

单艇作战流程如下：

① 侦察探测。潜艇应当根据任务要求、海域水文气象条件，选择有利于侦搜目标深度和航行状态，主要采用声呐设备进行探测搜索，为避免暴露自身位置，

通常不断变换航向，并使用被动声呐搜索目标，在近海防御作战也可接受指挥所和侦察兵力引导发现攻击目标。

② 目标识别。潜艇侦察、探测设备对目标实施连续跟踪，结合对敌方潜艇目标特性尤其是辐射噪声特征，以及上级的敌情通报，对目标进行综合分析和识别判定，最终确认攻击目标。由于敌方潜艇可以进行变深机动，应重点分析所在海域的水文气象等情况，避免由于水声探测环境变化造成目标丢失。对目标实施稳定跟踪后，解算潜艇与目标的距离、舷角和航速等概略战术态势，为接敌机动提供基本依据。

③ 接敌机动。潜艇在接敌过程中应当处理好接敌、探测、目标定位与保持隐蔽性之间的关系。机动过程中，使用被动声呐持续对敌方潜艇跟踪、监测，完成目标运动要素的测定与解算，如果没有十足把握不应开启主动声呐，破坏隐蔽性，综合战术背景、双方初始态势、海区水文气象、水声传播条件、本艇机动能力以及鱼雷性能等因素，选择有利航向、航速、深度隐蔽接敌。根据敌我距离、敌舷角、方位变化量、对目标估计航速等要素，选择有利射击阵位，确定射击预案及鱼雷种类使用，完成鱼雷及其发射系统的发射前准备。

④ 发射鱼雷。鱼雷射击阵位既要保证鱼雷有较高命中概率，也要避免遭受敌方潜艇回击，占位方案确定后应快速实施占位机动，校正目标运动要素，解算装定鱼雷射击诸元，发射鱼雷攻击目标。

⑤ 撤离或规避机动。实施鱼雷攻击后，应当迅速变深至大深度，以最大低噪声航速撤离或规避机动，

通过侦察、探测判明攻击效果，视情况再次实施攻击。在机动过程中，应当严密监视是否有敌方潜艇鱼雷回击，一旦发现，应当采取必要的水声对抗等措施摆脱鱼雷攻击。

潜艇攻击陆上目标作战行动

潜艇对陆上目标攻击主要由弹道导弹核潜艇使用潜射弹道导弹实施，或由巡航导弹核潜艇、攻击型核潜艇使用潜射巡航导弹实施。根据任务要求，对陆打击可以由单艇实施，也可由潜艇战斗群实施。

潜艇对陆上目标发动攻击之前，预先展开至待机区巡航。当接收到指挥所指令时，采用低噪声航行隐蔽进入发射区。航渡过程中，加强对周边海域的侦察搜索。在导弹发射前，应准确测定和校正潜艇方位坐标，等待指挥所的发射指令。当接到指挥所发射导弹的命令时，立即浮至发射深度，以导弹发射要求的航速进入战斗航向，发射导弹，具体流程如下：

对地攻击前的组织准备

① 指挥所应对攻击目标的性质、地理坐标、面积、分布状况和防护能力等情况进行分析研究。

② 根据攻击目标面积及其分布状况，选择导弹瞄准点。形状规则或分布均匀的目标，瞄准点一般选在目标中心位置；形状不规则或分布不均匀的目标，瞄准点一般选在目标的重点分布区。对于点状或面积较小的目标通常选择 1 个瞄准点，对于面状目标则可选择多个瞄准点。

③ 对点状目标通常使用集中射击，对于加固

或深埋的点状目标可以使用多次射击或专用导弹战斗部，对面状目标可使用多点射击或导弹面杀伤战斗部。

④ 每艘潜艇通常设置 1 个基本发射区和 1~2 个预备发射区，当潜射弹道导弹或潜射巡航导弹射程较远时，可不设待机区，潜艇直接进入发射区待机并发射导弹。发射区通常呈圆形或矩形，其范围应能保证潜艇对发射点具有选择空间，满足潜艇从进入战斗航向、发射导弹、撤出战斗、撤离战场等步骤的机动需要。

⑤ 根据作战任务、目标情况、潜艇装载导弹数量及毁伤威力等因素，通过运筹分析等方法进行作战计算，确定完成袭击任务所需的潜艇兵力及弹药消耗。

⑥ 组织对潜艇作战海区、攻击目标等情况进行侦察，组织相关兵力对潜艇航渡和展开进行支援和掩护，对于执行战略核打击任务的弹道导弹核潜艇可以配备攻击型核潜艇为其护航与警戒。

⑦ 确定作战方案，明确相关兵力协同方案，组织指挥各兵力实施作战行动。

实施对地攻击

① 潜艇受领攻击敌方陆上目标任务后，在做好充分战斗准备，完成机械检修保养、物资器材装载等准备工作后，应选择合适时机和航路隐蔽出航，按照任务规划航渡进入待机区或发射区等待上级进一步指示。

② 潜艇在待机区或发射区等待命令过程中，通常潜至安全深度下，以低噪声航速巡航，巡航中可选择有利于隐蔽和便于观察的水层进行机动；航行中使用水声侦测设备对周边海域进行监视；保持通信设备畅通，随时准备接受上级指挥所的指令和通报；在条件允许的情况下，利用可能条件对潜艇的航行位置进行准确测定和校正；进行导弹发射前的预先准备，确保机械设备、武器系统等无故障运行。

③ 接到指挥所发射导弹的命令后，转入战斗航向，完成导弹发射的最后检测，在上级命令的发射时间之前，完成一切相关准备工作。

④ 导弹发射过程中，潜艇应保持定深、定向和定速机动，发射海区水深不小于 80 米，潜深一般为 25~30 米，航速 2~4 节，海况不高于 5 级。导弹出艇后，应注意保持潜艇姿态，避免出现大幅度横倾或纵倾。导弹发射后，潜艇应下潜至大深度并以低噪声最大航速撤离，在撤离中进行间断变向机动，侦测周围海域情况，防范敌方反潜兵力袭击。

潜艇布雷作战行动

潜艇布设水雷的目的是封锁特定海域的基地、港口、海峡、水道、交通枢纽等重要地区，毁伤敌方舰艇或限制其海上兵力行动。潜艇布设水雷战术运用主要有在敌方海区进行攻势布雷，在我方海区进行防御布雷，以及在敌方舰艇航向前实施机动布雷。

组织实施海上布雷作战行动通常包括组织准备、航渡、布雷和返航四个阶段，布雷行动须保证隐蔽、准确、及时、安全，具体作战行动流程如下：

组织准备

① 根据上级下达的作战任务，严密制订布雷计划，明确兵力组成、指挥和协同关系、布雷队形、开始布雷时间、布雷顺序和航渡航线等。

② 确定雷区的正面、纵深、密度、打击威力和抗探抗扫措施。

③ 根据己方布雷潜艇的性能特点、布雷海区水文地理条件，正确选定雷型、雷障位置和布雷方式。

④ 水雷装艇之前，应完成对水雷的装配，将分散保管的水雷雷体、引信、保险器、定时灭雷器、传感器、电源等各部件进行组装、连接，但不装发火装置，组装后完成测试调整、设定和检查工作，经检测状态良好后可装艇。

航渡

潜艇按照预定航路，潜至安全深度，以低噪声航速向目标海域航行，航行中进行机动变向，加强对周边海域的侦测，保持航渡隐蔽性，遇有敌情时按照预先制订的安全预案和防御措施进行应对；实施布雷过程中应当视情况做相关兵力协同配合，确保布雷兵力群按计划布设水雷，警戒兵力群实施海区警戒，掩护兵力群视情况进行海空掩护，佯动兵力牵制干扰敌方兵力。

布雷

① 水雷布设前应再次检查引信系统，安装起爆装置，解除水雷保险机构，设定或改变定深、定次、定时等水雷战术使用数据，确保水雷入水后正常动作，攻势布雷应对水雷进入危险状态的时间进行设定，也可根据需要设定水雷失效或自行销毁时间，防御布雷应为己方舰艇预留出航通道。

② 水雷通常采用鱼雷发射管布设，也可通过在舷外加装专用水雷布设装置布设。

③ 根据任务要求，潜艇布雷可采取水雷线、水雷群等布设样式。

撤离（返航）

① 完成布雷后，隐蔽撤离布雷区，填写、绘制水雷障碍图、表，上报领导机关。

② 根据作战任务要求，对雷区战况进行监视，视情况组织补充布雷或设置新雷障。

在海上作战集群中的协同战术

潜艇与水面舰艇编队协同

水面舰艇编队是指由两艘以上舰艇或两个以上舰艇战术群组成的兵力编组，按照舰种可分为航空母舰编队、巡洋舰编队、驱逐舰编队、勤务船编队等。航空母舰编队在水面舰艇编队中指挥协同较为复杂、涉及舰艇类型较多，通常由 1 艘航空母舰、1 艘巡洋舰、若干驱逐舰、护卫舰、潜艇、补给舰等构成，航母编队的主要任务是夺取制海权和制空权，消灭敌方舰艇和航空兵，实施反潜作战，保卫海上交通线，打击敌方陆上重要目标，支援陆上作战等。

潜艇作为航空母舰编队中的重要作战力量，其与航空母舰编队之间的战术协同至关重要。潜艇在航母编队中担负着护航任务，如果协同战术实施得当，则有利于确保航空母舰编队的安全；反之则可能适得其反，甚至会成为航空母舰编队行动的累赘。

为航空母舰编队实施护航的潜艇通常为攻击型核

潜艇，两者之间的协同主要有：时间协同、区域协同、网络协同三种方式。

时间协同是攻击型核潜艇与航空母舰编队严格按照规定的时限进行战术协同，其他时间潜艇保持隐蔽航行和无线电静默，一般与航空母舰编队之间不进行直接通信联系。核潜艇通常部署在航空母舰编队侧前方一定距离内，伴随航空母舰编队实施护航行动，核潜艇在护航中始终对周边海域进行反潜或反舰探测搜索，如遭遇敌情可对其驱离或直接采取攻击行动。攻击型核潜艇航行中可以运用交替高速、交替变深、曲线航行等机动方式，保持与航空母舰编队的相对位置，同时完成对周边海域的侦测，从而有效提高航空母舰编队周边海域安全性，保证护航任务的顺利完成。

区域协同是攻击型核潜艇与航空母舰编队严格按照上级指定的任务海域进行战术协同，主要应用在区域护航行动中。核潜艇在航空母舰编队到达之前，根据任务区域的大小，通常提前1~2天进入特定海域，完成对该区域的反潜或反舰搜索，如遭遇敌情可对其驱离或直接采取攻击行动，确保航空母舰编队通过特定区域的安全性。核潜艇在执行特定海域警戒任务中不直接与航空母舰编队进行通信联系，当航空母舰编队撤出该特定海域后，攻击型核潜艇随即可撤出该海域。

网络协同是近些年来逐渐形成和完善的一种协同方法，该协同方法基于美国海军提出的"网络中心战"概念和技术。通过战术数据链支持系统，在一定空间范围将"岸、舰、潜、机、星"等作战平台以节点的形式纳入网络，各平台在网络中实现互联互通，进而

实现战术协同。网络协同适用范围较广，既可用于特定海域警戒，也可以用于伴随护航。核潜艇可通过水声通信仪、拖曳天线、声呐浮标、激光通信等设备器材，接入全球信息栅格，保持与航空母舰编队的通信联系，相比于时间协同和区域协同，网络协同的通信即时性更强，攻击型核潜艇能够获取航空母舰编队位置、态势等信息，并通过相应的机动方式保持与航母编队的相对位置，执行航母编队赋予的特定任务，达成更为默契的战术协同。

潜艇间协同

潜艇战术群是潜艇遂行海上作战任务的战斗编组，通常由2~3艘性能相近的潜艇组成，主要用于攻击敌方水面战斗舰艇编队、登陆输送队、护航运输队等。潜艇战术群的各潜艇之间通过直接通信联系或间接通信联系建立协同关系，战术群中通常设定一艘指挥艇和多艘队员艇。潜艇战术群能充分发挥整体作战威力，有利于提高发现目标的概率和攻击目标的效果，扩大对海区的控制范围。但是潜艇之间隐蔽通信联系困难始终是一个绕不开的问题，这为潜艇协同战术在实际作战中的运用增加了复杂性。因此，加强潜艇在平时的协同战术训练显得异常重要。

潜艇战术群可在执行作战任务前编组，也可根据战事变化将海上活动的潜艇临时编组。潜艇战术群在执行作战任务前通常要制订协同行动方案，包括海上会合、航行队形、航渡、通信方式、搜索、协同攻击、防御、安全措施等内容。

潜艇协同战术最为经典的运用当属第二次世界大

战中德国海军的"狼群"战术，该战术采用潜艇集群对护航运输队实施攻击。由于战斗行动类似狼群追逐猎物，故此得名"狼群"战术。"狼群"战术由德国潜艇部队指挥官邓尼茨提出的集中使用潜艇作战理论发展而来，通常由10~30艘潜艇组成一个集群，艇间间距约10~20海里，展开于敌方海上重要交通线上，形成宽大拦截正面，能够对一定海域实施有效地控制。潜艇集群在航路上不断搜寻目标，其中1艘潜艇发现敌方护航运输队，立即报告岸上指挥所，并持续对目标进行跟踪，连续报告目标编成、位置、航向和航速等信息。岸上指挥所将潜艇集群其他潜艇引导至敌方护航运输队航线前方一定距离的海区，潜艇集群通常在夜间浮至水面，占领攻击阵位后对护航运输队实施攻击，完成攻击后立即下潜撤离，躲避敌方护航舰艇反击。撤离过程中重装鱼雷，准备对运输队实施二次攻击或根据岸上指挥所命令转向下一目标。由于潜艇集群控制水域宽广，"狼群"战术搜索发现目标概率较大，各艇分工明确，统一接受岸上指挥所指挥，整体协同性好，昼间隐蔽跟踪、迂回包抄，避免"打草惊蛇"，夜间众兵合围、突然袭击，令敌措手不及。在战争初期"狼群"战术取得了骄人的战绩，然而随着盟军反潜飞机和雷达的广泛使用，尤其是航空母舰反潜搜索突击群的编配大大加强了护航力量，德国潜艇集群在实施"狼群"战术中需要大量发报的弱点逐渐暴露出来，盟军对海上无线电信号快速定位，使反潜兵力可以对潜艇集群实施精准反击，德国为此损失了大量潜艇兵力，不得不逐步放弃了"狼群"战术。

潜艇与特种部队协同

潜艇与特种部队协同的主要任务是潜艇从海上方向隐蔽输送特种部队至敌方海岸或岛屿，并对特种部队登陆后执行侦察、袭扰等特殊任务提供可能的支援。特定情况下，特种部队完成任务后仍由潜艇接回并撤离。

潜艇与特种部队协同登陆的作战流程如下：

① 由特种作战任务指挥所组织制订作战计划，明确执行任务潜艇、特种部队人员组成及其登艇部署、特种部队离艇和返艇的时间、地点和方法。

② 特种部队登艇，潜艇隐蔽出航，驶往登陆地点附近海域。

③ 潜艇按时驶入遣送海域，根据敌情和离艇海域水文气象条件，特种部队可在潜艇潜坐海底或半潜状态时离艇，通过乘坐登陆载具、使用专用单兵推进设备或潜游等方式实施登陆。

④ 潜艇输送特种部队人员离艇后，迅速撤离至待机区，加强对周边海域的侦察探测，以低噪声航速巡航或悬停待机。

⑤ 按照计划时间和地点，潜艇驶入撤离海域，以约定通信方式与特种部队建立联系后，再次校准潜艇位置，特种部队实施登艇后撤离。

为保证任务顺利实施，还应注意以下问题：

① 离艇地点应当选择在敌方对潜防御较弱、水深适宜、海底平坦、便于潜艇机动、靠近登陆地点的海域。

② 明确潜艇与特种部队的通信联络方式与识别信号。

③ 为可能出现的特殊情况或突发情况制订处置预案。

在平时战备期间的主要职能

潜艇在和平时期主要担负情报侦察、战备巡航等任务。

情报侦察

潜艇情报侦察是使用潜艇对海上、水下和空中特定目标实施的搜索、监视、跟踪等作战行动，主要手段有光学侦察、雷达探测、水声探测、无线电监听等。潜艇能够远离基地，较长时间部署在特定海域进行隐蔽侦察，早在第一次世界大战和第二次世界大战期间就得到广泛应用，1942 年 6 月的中途岛海战，美国太平洋舰队派出潜艇进行侦察，潜艇组成 3 道侦察线，及时发现了日本航空母舰编队动向，为夺取中途岛海战胜利发挥了重要作用。随着潜艇动力技术、隐身技术、侦察技术、通信技术等不断发展，潜艇侦察手段和方法更加完善，侦察距离和范围将进一步扩大，侦察情报的实时回传能力也有提升。

战备巡航

潜艇战备巡航是指潜艇在特定任务海域游弋以达成对敌实施战略威慑、警戒驱离敌方兵力介入等不同目的。潜艇战备巡航可分为弹道导弹核潜艇的威慑战备巡航和攻击型核潜艇或常规动力潜艇的警戒战备巡航。

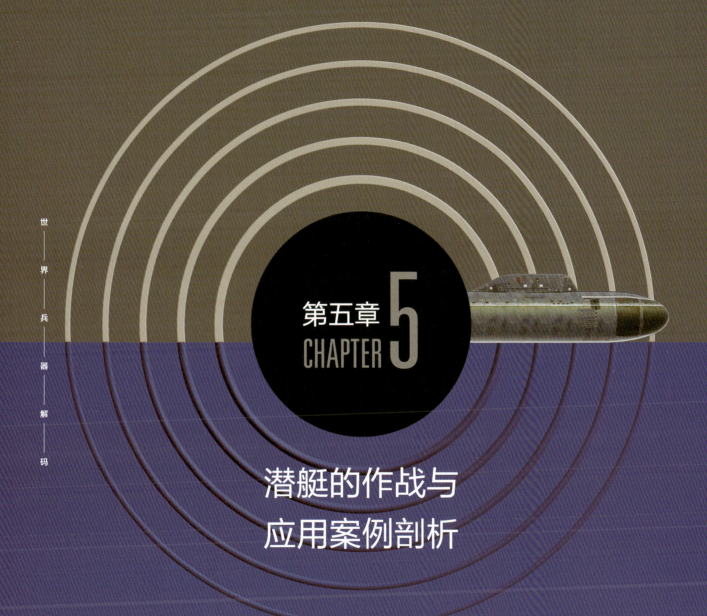

第五章
CHAPTER 5

潜艇的作战与
应用案例剖析

历史经典战例回顾

问世初期的潜艇战例

    1861 年至 1865 年间，美国爆发了史称南北战争的内战。1861 年 2 月，美国南部 11 个蓄奴州先后宣布退出联邦成立南部同盟，美国形成南北分裂局面。4 月 12 日，南部同盟炮击驻守在南卡罗来纳州萨姆特堡的北部联邦军（简称北军），美国内战正式打响。战争

大致可分为两个阶段：第一阶段是 1861 年至 1862 年，这一时期南部同盟军（简称南军）来势汹汹、斗志昂扬，北军在战场不断失利；第二阶段是 1863 年至 1865 年，林肯总统通过颁布革命性文件、政策法律，采取武装黑人等系列措施，使战争态势发生根本性转变。1863 年 7 月，在葛底斯堡战役中，北军取得决定性胜利，扭转了整个战局，南军逐步丧失战略主动。

    北军不仅在陆地上高歌猛进，而且从海上对南部重要港口实施封锁，使南军陷入被动的处境。为改变这种窘迫的局势，南军试图采用水下偷袭的方式，粉碎北军对港口的封锁。为此，南军尝试建造了一艘名为"先行者"号的潜艇，希望通过该艇破坏北军对密西西比河的控制。但北军迅速占领新奥尔良，为避免该艇被俘获，南军被迫将其凿沉。

    幸运的是，与"先行者"号同期建造的"汉利"号潜艇保存了下来。该艇由南方联盟海军工程师霍勒斯·汉利（Horace Hunley）和两位造船工程师 J. 麦克林托克、B. 甲沃森共同研制建造。其艇体由一段废弃锅炉改装，体积比当时常见的人力推进潜艇要大得多。为保证其具有良好的稳性不至于在水中翻转，该艇安装了压舱物和两个压载水舱。通过对压载水舱水量的控制，使潜艇实现下潜和上浮。艇体外侧还安装了一对水平舵，用于控制潜艇在水中的下潜深度，艇艉装有一个三叶螺旋桨，由 8 名水手在艇内摇动与螺旋桨相连接的曲柄轴推动潜艇前进，水下航速达 4 节，这

潜艇设计师霍勒斯·汉利。

一航速在人力推进潜艇中实属少见。"汉利"号潜艇的主要武器是挂载于艇艉的一枚水雷，该水雷装药 90 磅（1 磅 ≈0.45 千克），攻击时需将水雷置于敌舰附近引爆。

"汉利"号潜艇有一个令人不安的外号——"水下棺材"，这源于该艇多次沉没，不断导致搭载的艇员遇难。"汉利"号第一次执行作战任务是袭击查尔斯顿港口附近的北军舰船，潜艇航至港口附近遭遇一艘蒸汽船，蒸汽船掀起的海浪涌进"汉利"号舱口，潜艇进水沉没，艇员全部丧生，只有艇长侥幸逃脱。"汉利"号被打捞出水后经过维修重新试航，但再一次被海浪打翻沉没，艇长和 2 名艇员脱险，其余 6 人丧生。"汉利"号打捞出水再次进行修理，修复后"汉利"号的制造者霍勒斯·汉利亲自参加了试航。第一次海试很成功，但在随后的海试中潜艇又一次栽入水底，汉利和艇员全部遇难。至此，"汉利"号寸功未立，却导致 3 起沉没事故，己方多人死亡。然而南军并没有放弃，"汉利"号潜艇又一次被打捞出水，并进行了维修与改进，水雷由艇艉移至艇艏，固定在一根圆木长杆上，称之为长杆鱼雷。"披挂整齐"的"汉利"号经多次试航检验后，再度发起第四次冲锋。

1864 年 2 月 17 日夜晚，月光在云中时隐时现，南军和北军的官兵经过一天激战后，偃旗息鼓进入休整状态。执行完巡逻任务的北军战舰"豪萨托尼克"号在查尔斯顿港外锚泊，该舰是一艘 1800 吨的蒸汽动力战斗帆船，配备 12 门大型加农炮。当晚"豪萨托尼克"号停泊水域周边一片寂静，除值更人员其他水兵都已进入梦乡，甲板上值勤哨兵警惕地观察着周边情况。

在微弱的夜光中，隐约出现了一块漂浮的大木块，哨兵对这一奇怪物体的靠近没有在意，更没有意识到一场灾难正在来临。奇怪的物体并不是什么木块，而是"汉利"号潜艇，正在逼近要猎杀的目标。南军上尉乔治·狄克逊艇长在艇中央的玻璃窗内密切注视着艇外的情况，沉着地指挥着"汉利"号前进，"汉利"号艇内其他艇员通过转动机械装置驱动三叶螺旋桨以 4 节的航速接敌，依靠水平舵和深度表控制潜艇的深度。

成功躲过哨兵监视的"汉利"号慢慢接近"豪萨托尼克"号战舰，在距离"豪萨托尼克"号仅 10 米左右的位置停了下来。狄克逊艇长命令艇员发动攻击，"汉利"号对准"豪萨托尼克"号中部，将长杆鱼雷猛烈撞向战舰右舷艉部。炸药随即引发巨大的爆炸，战舰被撕开一个大裂口，海水迅速涌进船舱，不到五分钟战舰就坐沉海底。由于"豪萨托尼克"号沉没位置较浅，舰上200多名北军官兵得以攀附在露出水面的桅杆上，他们大多数获救，仅有5人遇难。令南军困惑的是，"汉利"号潜艇在攻击后也消失得无影无踪，没有返回基地。

人们推测，"豪萨托尼克"被击中后，海水大量涌入破口，由于水流湍急，距离破口仅 10 米左右的"汉利"号很可能被强大的水流吸到了"豪萨托尼克"号舰体附近，并随着"豪萨托尼克"号一同沉入海底。多年后，由于"豪萨托尼克"号残骸阻碍航道而被拖离沉没位置，但附近并没有发现"汉利"号，人们推测"汉利"号可能在返航途中沉没。

1995 年，"汉利"号沉没的一百多年之后，一个名为"国家水下与海洋组织"的非营利机构根据对"汉利"号航线的推测，成功地利用水下勘探技术发现了"汉利"号残骸，并确定"汉利"号的前舱盖在沉没时是打开的。2000年8月8日，"汉利"号被打捞出水，经专家研究发现导致其沉没的重要原因是纵向稳定性差，当潜艇处于水下航行时，潜艇变深可能会产生纵倾掉深，超过其下潜极限深度，导致艇体被海水压破；当潜艇处于水面航行时，纵倾又会导致海水从潜艇上敞开的舱口或换气孔倒灌，导致潜艇进水沉没。

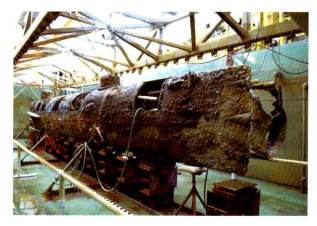

打捞出水的"汉利"号潜艇。

"汉利"号潜艇为了战斗任务的胜利前后累计丧生20多人，但它的成功在人类历史上具有里程碑意义。这次战斗开创了潜艇首次从水下击沉水面战舰的先例，标志着一种新型海战武器的产生，从此以后海战场不仅有可怕的巨舰大炮，水下的"钢铁鲨鱼"也逐渐成为海上作战的中坚力量。

一战中的潜艇战例

1914年6月28日，奥匈帝国皇储斐迪南大公在萨拉热窝被刺，点燃了第一次世界大战的导火线，欧洲各国战火四起。

8月4日，英国向德国宣战，凭借其强大的水面舰艇部队优势，英国在北海部署大批战舰封锁德国航路，试图与德国海军舰队决战。8月5日，德国派出了10艘潜艇进入北海海域展开搜索，对英国舰队进行侦察，试图摸清英国作战企图。8月9日，德国潜艇"U-15"号被英国巡洋舰"伯明翰"号发现，随即英国巡洋舰用火炮将其击沉，这艘潜艇出师未捷身先死，成为海战中被水面舰艇击沉的首艘潜艇，作为"反面典型"载入史册。然而，半个月后一场历时一小时的海战，彻底洗刷了潜艇被水面舰艇击沉的耻辱。不仅打出了潜艇的威风和实力，还奠定了潜艇在现代海战中的重要地位。

1914年9月中旬，德国"U-9"号潜艇在北海海域执行侦察任务。20日，天气骤变，为躲避狂风巨浪，"U-9"号潜艇潜入水下航行。21日，入夜后风暴逐渐平静，原本打算继续执行侦察任务的"U-9"号潜艇却出现了机械故障，不得不准备返航。凑巧的是，由于罗经误

"U-9"号潜艇。

"U-9"号潜艇艇长奥托·魏迪赓。

共配备 6 枚鱼雷，还装备有 SK L/40 型 50 毫米口径甲板炮 1 门，"哈奇开斯"型 37 毫米口径机关炮 1 门。英国 3 艘巡洋舰与德国潜艇相比可谓是庞然大物，3 艘巡洋舰均为克雷西级装甲巡洋舰，标准排水量约 12000 吨，最高航速 21 节，舰员编制 725~760 人，3 艘装甲巡洋舰火力强大，均搭载 2 门 MK X 型 234 毫米口径主炮，12 门 MK VII 型 152 毫米口径副炮，12 门 76.2 毫米口径舰炮，3 门 "哈奇开斯"型 47 毫米口径炮，以及 2 具 450 毫米鱼雷发射管，主装甲带厚达 51~152 毫米，甲板装甲厚 25~76 毫米，炮座装甲厚 152 毫米，炮塔正面装甲厚 152 毫米，司令塔最厚处装甲厚为 305 毫米，防水舱壁装甲厚 127 毫米，可以说拥有不俗的防御力。

9 月 22 日早晨 6 时左右，"U-9"号潜艇航行至荷兰角以北约 50 千米的海域，浮出水面进行充电，发现水天线处有 3 艘军舰一字排开横列航行。这是英国第 7 巡洋舰分队的 "阿布吉尔" 号、"克雷西" 号和 "霍格" 号三艘装甲巡洋舰，各舰之间保持 2 海里的间隔，以 10 节航速行进。由于连日来天气恶劣，麻痹大意的英国人认为德国潜艇不会出海，便让负责护卫的驱逐舰都返回了英国母港。

6 时 20 分，"U-9"号悄无声息地接近英国舰队，向在中间航行的 "阿布吉尔" 号右舷发射了一枚鱼雷，命中后剧烈爆炸。"阿布吉尔" 号舰长德拉蒙德上校误认为是触发了水雷，便向另外两艘巡洋舰发信号请求救援。

"阿布吉尔" 号倾覆前，德拉蒙德上校下令弃舰，此时赶来的 "霍格" 号急忙放下救生艇施救，未意识

差，潜艇返航中航向发生偏移，误打误撞驶向了它的 "猎物"。

在战争打响前，来看一下双方参战兵力。德国 "U-9" 号潜艇，1910 年 2 月 22 日卜水，水上排水量 485 吨，水下排水量 601 吨，长 57.4 米，宽 6 米，高 7.1 米，最大潜水深度 50 米，柴油发动机总功率 740 千瓦，电机总功率 850 千瓦，水面航速每小时 26.3 千米，水下航速每小时 15 千米，航程 3300 千米，乘员 29 人，装备 4 具 450 毫米鱼雷发射管（艇艏和艇艉各 2 具），

到德国潜艇的存在。7时5分，"U-9"号向忙于施救的"霍格"号左舷发射了两枚鱼雷，均命中目标。随后，"霍格"号发现了"U-9"号潜望镜，当即向该潜艇猛烈开炮，但没开几炮自己就沉没了。

此时，海面上只有孤单的"克雷西"号在慌乱中救助被击沉的两艘巡洋舰落水人员。7时17分，"克雷西"号发现右舷275米处的"U-9"号潜望镜，舰长约翰逊上校立即下令全速前进摆脱"U-9"号的攻击，同时向友邻舰队呼救。但为时已晚，7时20分，"U-9"号向"克雷西"号右舷发射了两枚鱼雷，一枚命中，另一枚脱靶；7时30分，"U-9"号再次向"克雷西"号左舷发射鱼雷，命中目标，7时55分，"克雷西"号沉没。

"U-9"号潜艇击沉三艘轻巡洋舰。

奥托·魏迪赓指挥的"U-9"号潜艇孤军奋战，仅用一个小时就把英国3艘万吨级巡洋舰送入海底，自身毫发未损；英国62名海军军官和1397名水兵阵亡，只有837人获救。

这次海战成为战争史上潜艇攻击战果最辉煌的战例之一。德国皇帝威廉二世（1859—1941）授予奥托·魏迪赓一级铁十字勋章，"U-9"号的其他艇员被授予二级铁十字勋章。

二战中的潜艇战例

1939年9月1日，德国闪击波兰全面拉开第二次世界大战的帷幕，入侵行动导致英国和法国对德国宣战，战争在陆地、空中、海洋全面打响。广袤的大西洋战场上，德国海军将潜艇作战的优势发挥得淋漓尽致，推动了世界各国对潜艇这种新型武器装备的关注及运用。

1939年10月，为夺取制海权，德国海军潜艇部队指挥官卡尔·冯·邓尼茨少将亲自制订了针对英国海军的偷袭计划。二战爆发后，德潜艇和飞机通过对奥克尼群岛的多次侦察发现，英国海军战列舰"纳尔逊"号、"罗德尼"号和"皇家橡树"号，战列巡洋舰"胡德"号、"声望"号和"反击"号等多艘大型军舰均以斯卡帕湾为锚地，因此英国海军基地斯卡帕湾成为德国海军实施偷袭的重点目标。

斯卡帕湾位于苏格兰东北部的奥克尼群岛，东部连接北海，西部通达大西洋，具有非常重要的军事战略地位，英国海军对其防御相当严密。进入斯卡帕湾有7个航道，其中6个航道设置了防潜网，并布设了水雷，仅剩柯克海峡1条航道可以利用，但是该海峡水道狭窄、礁石密布、水流湍急，宛如天然屏障，第一次世界大战期间，英国在柯克海峡还凿沉3艘旧船封锁了航道，想突破斯卡帕湾的"铜墙铁壁"难度极大。但德国海军潜艇部队指挥官邓尼茨少将决定冒险一试，将偷袭斯卡帕湾这一艰巨危险的任务交给冈瑟·普里

"U-47"号潜艇。

"U-47"号潜艇艇长冈瑟·普里恩。

恩上尉指挥的"U-47"号潜艇执行。

1939年10月8日10时，"U-47"号潜艇从基尔出发，通过基尔运河驶入北海，然后转向西北方向航行。12日凌晨，潜艇下潜继续接近奥克尼群岛。13日4时至16时，"U-47"号潜艇在奥克尼群岛附近水下游弋，为保证艇员充分休息，潜艇多次实施潜坐海底，等待并观察突破预定水域的时机。19时15分，潜艇待机海域潮水上涨，"U-47"号潜艇浮出水面，艇长普里恩上尉决定立即驶向柯克海峡，潜艇借助涨潮成功绕过阻塞的航道，突破了柯克海峡。

14日0时27分，"U-47"号潜艇顺利进入斯卡帕湾，直扑海湾西南角的英军舰队主要锚地。在极光的照耀下，夜晚的能见度较好，普里恩能清楚地分辨出锚地西南边缘上的弗洛塔岛、法拉岛和卡拉岛。但是

进入锚地的普里恩惊讶地发现锚地空空如也，没有一艘停泊舰艇。据德军12日空中侦察报告，斯卡帕湾的锚地泊有航空母舰1艘、巡洋舰10艘、其他大型军舰5艘和多艘小型舰艇。英国人有如神助，就在12日当天，斯卡帕湾内的英舰驻泊情况发生重大变化，军舰大多起航，通过胡舍海峡驶离，而普里恩对此一无所知。"U-47"号潜艇在斯卡帕湾锚地无功而返，向东驶去。

14日0时55分，普里恩发现左前方有两艘大型军舰锚泊，在海岸附近还有多艘驱逐舰。普里恩立即下令"U-47"号潜艇左满舵，航向340度，驶向明林岛海岸方向。当距离其中较近一艘军舰约2300米时，普里恩辨认出该军舰为英国复仇级战列舰——"皇家橡树"号，并把另一艘"柏伽索斯"号水上飞机母舰，误认为"反击"号战列巡洋舰。0时58分，潜艇占领

"皇家橡树"号战列舰。

发射阵位,依次发射 4 枚鱼雷,其中一枚鱼雷卡在鱼雷管未能发射成功,2 枚射向"皇家橡树"号,1 枚射向"柏伽索斯"号。1 时 02 分,1 枚鱼雷击中"皇家橡树"号产生爆炸,其余 2 枚未击中目标。"U-47"号潜艇进行鱼雷攻击后迅速向东南方航行,准备撤离。

英国人对斯卡帕湾水下的严密防御异常的自信,认为"皇家橡树"号舰体爆炸不可能是遭到潜艇的袭击。因此,当时许多人误以为是军舰内部事故所致,还有人认为是遭到了空袭。基地拉响了空袭警报,舰艇进入防空战斗部署,而未采取反潜措施。观察到这种情况的普里恩大胆地指挥潜艇再次返回"补刀"。1 时 18 分,"U-47"号潜艇鱼雷重新装填完毕。1 时 22 分,"U-47"号潜艇在 12 链以 的距离上对"皇家橡树"号发动第二轮攻击,齐射 3 枚鱼雷。1 时 25 分,3 枚鱼雷全部命中目标,引起剧烈爆炸,"皇家橡树"号

立即倾斜约 15°,片刻便快速左倾至 45°,挣扎数分钟后沉没。舰上 1200 名船员中 833 名丧生,其中包括第二舰队指挥官亨利·布格罗夫少将和数百名不满 18 岁的少年水兵。1 时 28 分,"U-47"号潜艇全速向柯克海峡驶去。2 时 15 分,安全驶离斯卡帕湾。

10 月 17 日 11 时 40 分,"U-47"号潜艇经过三天的航行返回德国,驶入威廉港。德国海军司令雷德尔和潜艇部队指挥官邓尼兹亲自迎接他们。当天下午,"U-47"号潜艇艇员乘坐专机飞抵柏林,得到希特勒的接见,并与希特勒共进晚餐。普里恩获得一级铁十字勋章,成为国家英雄。

"皇家橡树"号被击沉成为英国皇家海军历史上最大的一次惨剧,不仅被德国海军潜艇打进家门,而且损失一艘战列舰,简直是窝囊透顶、痛彻心扉,英国海军始终在寻找机会复仇。这一天最终在 1941 年 3

⊖ 1 链 =185.2 米。 ——编者注

月 8 日到来，"U-47"号潜艇被英国护航船队的"黑灌"号驱逐舰发现，该舰立即用深水炸弹对"U-47"号潜艇发起密集攻击，"U-47"号潜艇就这样消失在大洋深处，再也没能上浮。

印巴战争中的潜艇战例

1971 年 12 月 3 日至 17 日，印度和巴基斯坦因东巴基斯坦自治等问题引发军事冲突，史称第三次印巴战争。战争以巴基斯坦失败，东巴基斯坦独立并成立孟加拉国而告终。虽然参战双方实力差距悬殊，印度海空军占据压倒性优势，但巴基斯坦海军仍不畏强敌积极出战，"汉果尔"号潜艇成功击沉印度反潜护卫舰，创造了二战后潜艇击沉水面舰艇的首个战例。

战争爆发初期，印度海军大兵压境，对巴基斯坦卡拉奇港发动了"三叉戟"行动，造成巴基斯坦军舰、商船和港口设施严重损坏。印度海军将制海权牢牢抓在手中，切断了海上交通线，巴基斯坦海军只好采取收缩防御策略，将残余舰艇撤回卡拉奇港内。就在卡拉奇港战事正酣之际，奉命南下的巴基斯坦海军"汉果尔"号潜艇已经潜伏在印度海军对巴进攻集结地第

"汉果尔"号潜艇及艇长塔西姆。

乌港附近，暗中窥探印度海军的下一步动向，并伺机寻找"猎物"。

12 月 3 日凌晨，"汉果尔"号潜艇通过被动声呐探测到一支印度舰艇编队从第乌港驶出，艇长塔西姆上校判断印度舰艇编队远离后迅速向后方基地报告印度舰艇动向。为避免被印度舰艇发现，"汉果尔"号除必要通信联系外一直保持无线电静默，但 12 月 7 日发往卡拉奇方向的密电还是被印度海军第乌港监听站截获。通过三角定位方法，印度海军判断第乌港西南约 60 千米海域很可能有巴基斯坦潜艇活动，印度西部舰队司令部综合之前舰艇和侦察机在海面上发现潜望镜的报告，进一步确认了这一判断。敌军潜艇钻到家门口令印度海军高层大为恼火，西部舰队紧急命令孟买港第 14 护卫舰中队"库卡里"号和"基尔潘"号两艘反潜护卫舰前往巴方潜艇可能潜伏的水域搜索，同时参与搜索任务的还有多架"海王"反潜直升机。

巴方潜艇与印方护卫舰并没有很快交手。"汉果尔"号潜艇由法国制造，是当时世界上最先进的一型常规潜艇，其出色的安静性使印军护卫舰被动声呐很难探测到，潜艇上装备的声呐作用距离和鱼雷攻击距离也均优于印方反潜护卫舰。"库卡里"号和"基尔潘"号是英国制造的 14 型反潜护卫舰，1961 年进入印度海军服役，航速较慢，声呐探测距离只有几千米，约为巴方潜艇声呐探测距离的一半。更糟糕的是，其反潜武器只能攻击几百米范围内的潜艇，这意味着护卫舰还未对潜艇造成威胁就已进入潜艇鱼雷的攻击范围。

12 月 8 日 19 时许，"汉果尔"号声呐兵报告发现两艘印方舰艇正以 12 节航速尾随而来，两艘舰艇航

线笔直未做任何防潜规避机动。塔西姆艇长果断决定给印度一个教训，潜艇迅速上浮至潜望深度，并启动海面搜索雷达。19 时 30 分，雷达显示两艘印舰距本艇约 9800 米。由于印舰实施灯光管制，塔西姆艇长未能从潜望镜中发现目标，遂命令潜艇下潜至 55 米深度，采用声呐引导接敌。19 时 57 分，"汉果尔"号在水下 40 米距敌舰约 2000 米处占领鱼雷发射阵位，随即一枚 L-60 型鱼雷从艇艏发射管中呼啸而出，直扑印舰"基尔潘"号。可惜的是，声呐兵没听到期盼的爆炸声，鱼雷错过了目标。"基尔潘"号虽然未被击中，但被突如其来的鱼雷吓得不轻，一边全速转向，一边向海里投掷深水炸弹，试图脱离潜艇攻击。这时"库卡里"号护卫舰闻讯加速驰援，试图猎杀"汉果尔"号，但这种自投罗网式的攻击代价是惨重的。"汉果尔"号的声呐兵快速计算出来舰的航行轨迹，鱼雷兵也严阵以待。5 分钟后，"汉果尔"号在距敌舰约 1500 米处发射 3 枚鱼雷，鱼雷发射后不久"汉果尔"号上的艇员就截获到对方慌乱的明语通信，"库卡里"号舰长穆拉一边发出求救信号，一边命令军舰全力转向规避，巨大的离心力甚至使舰体发出尖锐的"吱吱"声，这一切都被"汉果尔"号声呐兵听得清清楚楚。"汉果尔"号潜艇上的艇员很快听到巨大爆炸声，一枚鱼雷击中"库卡里"号的储油舱，引发熊熊大火，火灾蔓延导致弹药库爆炸，舰体龙骨被炸断，"库卡里"号挣扎了大约五分钟便沉入海中。《印度快报》援引一名幸存者的回忆称，"舰长穆拉有逃生的机会，但他选择与本舰共存亡，'库卡里'号快要沉没时，还有一个小舱口可以逃生，大家都试图让舰长先走，但他却把

"库卡里"号护卫舰。

我和一名上尉推出战舰。舰长说：'你们赶紧走，别的都不要管。'我和上尉开始拼命游开，回头时，只看到舰长嘴里叼着一根雪茄，手抓栏杆，与战舰一起沉没"。"库卡里"号护卫舰沉没导致 176 名士兵和 18 名军官阵亡，成为印度海军史上最为惨重的一次损失。

"基尔潘"号护卫舰躲过潜艇第一枚鱼雷攻击后，立即高速曲折机动，规避潜艇再次发起的鱼雷攻击。然而看到"库卡里"号被鱼雷击中，正欲逃离战场的"基尔潘"号鼓足勇气杀了个"回马枪"，不断向潜艇的大致方位投掷深水炸弹，试图驱离"汉果尔"号。但"汉果尔"号抓住战机再次锁定"基尔潘"号并发射鱼雷，后者察觉到危险立即机动规避，鱼雷击伤"基尔潘"号舰艉，艇长塔西姆没有恋战，快速撤出了战斗。"基尔潘"号无力继续追击"汉果尔"号，转而抢救"库卡里"号落水人员，最终 67 名舰员获救。

印度海军事后透露，"库卡里"号护卫舰遭袭沉没有多方面原因。其中，自满轻敌是一个重要因素。战争打响后，拥有航空母舰等海上力量的印度海军就取得

全面优势，成功控制巴基斯坦军港卡拉奇周边海域，还击沉了巴基斯坦潜艇"加齐"号，印度海军官兵认为巴基斯坦海军不再有重大威胁。"库卡里"号遭到鱼雷攻击时，水兵们正在悠闲地收听新闻广播，压根儿没把水下的威胁放在眼里，没有人穿着救生衣。该舰被鱼雷击中后，动力系统瘫痪，全舰停电，舰员在黑暗之中乱作一团。另外，该舰舱内只有两个主要出口可用，被困的官兵在短短几分钟之内很难全部逃出。

得知"库卡里"号被击沉的消息后，印度国防部长暴跳如雷，命令海空军立即展开"费尔康行动"，全力追杀"汉果尔"号。这次行动不仅出动多艘反潜舰艇，还出动了多架"海王"反潜直升机和"贸易风"固定翼反潜巡逻机。在接下来的几天里"汉果尔"号接受了艰巨的考验，每次上浮充电，都会被印度反潜机发现，随后就是蜂拥而至的印军反潜兵力。然而印方始终没能对潜艇准确定位，在此期间印度海军总共投掷了156枚深水炸弹，除两枚炸弹距离"汉果尔"号较近，让潜艇摇晃了一下，其余炸弹都在距潜艇较远的位置爆炸，"汉果尔"号未遭到致命伤害。

12月18日，"汉果尔"号摆脱了印军的围追堵截，安全返回祖国，全艇官兵在卡拉奇码头上受到英雄般的欢迎，艇长塔西姆凭借优秀的指挥和卓著的战功在后来的军旅生涯中被晋升为中将。为摆脱印军的层层追击，"汉果尔"号频繁对蓄电池充放电，高负荷的运行使电池全部报废，潜艇日后维修投入了不少资金。但是这次战斗不仅极大地鼓舞了巴基斯坦方面的士气，还牵制了大量印度海空力量，迫使印度海军不得不取消了原定12月10日对卡拉奇的进攻计划。"汉果尔"

号在退役后，被送进博物馆向公众展示，无声地诉说着它曾经创造的辉煌战绩。

马岛海战中的潜艇战例

1982年4月至6月，英国和阿根廷为争夺马尔维纳斯群岛（简称马岛）主权，在南大西洋马岛周边海域进行了为期74天的现代化局部战争。这场战争不仅包含海上封锁与反封锁、登陆与抗登陆等作战样式，而且展现出信息化战争的雏形。英国通过这场战争重新夺回对马岛及周边海域的控制权，举国上下爱国主义情绪高涨，为撒切尔夫人为首的保守党赢得了1983年大选。阿根廷在战败后引发大规模反政府运动，导致加尔铁里军政府垮台。在这次战争中，英国"征服者"号核潜艇击沉阿根廷二号主力战舰"贝尔格拉诺将军"号，严重挫伤了阿根廷部队的锐气，"征服者"号因成为首个击沉水面舰艇的核潜艇而被载入史册。

4月1日，阿根廷军队收复马岛，举国欢庆。此时，英国议会就对阿宣战达成一致，首相撒切尔夫人批准

"征服者"号攻击型核潜艇。

英国皇家海军特遣舰队远征南大西洋。

4月5日，英国特遣舰队驶出朴次茅斯军港，由于大型航空母舰"皇家方舟"号退役，舰队只能由"无敌"号和"竞技神"号两艘小型航母担当重任，编队中还囊括了英国皇家海军引以为豪的5艘核潜艇。

4月12日，5艘核潜艇高速航行连续奔袭7000海里，先于特遣舰队进入战区，实施海上封锁，同时宣布马岛周边200海里为禁航区。阿根廷天真地认为，英军仅对进入禁航区的船舶和飞机实施攻击，在禁航区外活动将是安全的。殊不知战争的规则是由强者来制定的，英国外交部通过瑞士使馆婉转地向阿根廷政府转达了警告，即便不在战区，英国特遣舰队也有可能发起攻击。

4月25日，英国特种突击队夺回马岛以南的南乔治亚岛，阿根廷海军"圣菲"号潜艇被英军"山猫"直升机用导弹击中，勉强驶回港口。

英国一系列的军事行动令阿根廷军政府猝不及防，战前阿根廷政府中弥漫着机会主义情绪，一厢情愿地认为劳师远征会让英国人退却，因此阿根廷军方并没有充分做好对英作战准备。在马岛上的守备部队连最基本的食品都没有存储充足，空军缺少弹药，海军半数舰艇"趴窝"。但是"开弓没有回头箭"，阿根廷军方不得不硬着头皮与英军针锋相对，派兵增援被英军围困的马岛。

4月26日，"贝尔格拉诺将军"号巡洋舰从阿根廷乌修埃阿海军基地驶出，开赴马岛南部海域，编队还包括"P.贝尔纳"号和"H.波迦德"号两艘驱逐舰。与此同时，"五月二十五日"号航母编队到达马岛北部海域，还有一支水面舰艇编队位于"贝尔格拉诺将军"号编队和"五月二十五日"号航母编队之间。这支水面舰艇编队装备了法国飞鱼反舰导弹，三个编队在马岛北、西、南三个方向海域形成夹击之势。但三个编队都没有突破英军200海里禁航区，仅在禁航区边缘徘徊，伺机给英军以还击。

4月30日，英国特遣舰队在马岛附近海域成功完成兵力集结。此时，最让特遣舰队司令伍德沃德将军忌惮的是阿根廷海军"五月二十五日"号航母编队，该航母上的天鹰攻击机对英国舰队构成了巨大的威胁。另外，部署在马岛南部海域的"贝尔格拉诺将军"号巡洋舰编队与"五月二十五日"号航母编队南北呼应，形成钳形攻势，同样使他感到焦虑。伍德沃德将军认为如果对阿根廷的三支水面舰艇编队置之不理，一旦英军登陆作战打响，阿根廷三支水面舰艇编队将狠狠地给英军背后插上一刀，使英军腹背受敌，最严重的后果是英军在阿根廷军队夹击下全军覆没。此时，位于马岛西南200海里禁航区外的英国"征服者"号核潜艇发现阿根廷海军水面舰艇编队进入埃斯塔多岛以北海域，艇长布朗中校立即指挥"征服者"号潜艇实施跟踪监视，确认该编队为阿海军"贝尔格拉诺将军"号巡洋舰编队。由于其航行海域位于英国宣布的200海里禁航区之外，作为职业军人的布朗艇长尽管立功心切，但没有贸然采取攻击行动，仅将编队动向上报给位于伦敦的潜艇部队指挥部。潜艇部队司令赫伯特海军中将接到布朗艇长的报告后，马上意识到该情报极具价值、意义重大，立即报告联合作战指挥部，并命令"征服者"号核潜艇继续保持隐蔽跟踪。联合指

"贝尔格拉诺将军"号巡洋舰。

挥部得到这一情报后，立即向首相撒切尔夫人报告，并命令海上特遣舰队司令伍德沃德将军注意监视敌编队动向，做好防御。

5月1日，英国特遣舰队主力编队处于马岛东部50海里海域，根据"贝尔格拉诺将军"号巡洋舰编队位置和动向判断，阿编队将于凌晨占领导弹攻击阵位，随时可能对英航空母舰编队发动攻击。同时，如果阿巡洋舰编队越过浅滩，将摆脱"征服者"号核潜艇的跟踪，伍德沃德将军感到形势严峻，立即请示伦敦联合作战指挥部，批准"征服者"号核潜艇对"贝尔格拉诺将军"号巡洋舰编队进行攻击，以解除敌编队对英国特遣舰队的威胁。

5月2日，伍德沃德将军的请示得到英内阁会议批准，首相撒切尔夫人签署了对阿巡洋舰编队攻击的命令，联合作战指挥部向潜艇指挥部下达攻击命令，并通过通信卫星将命令下达给"征服者"号核潜艇。13时30分，"征服者"号接到攻击命令，马上展开接

敌机动，计划占领"贝尔格拉诺将军"号右舷90度攻击阵位。满足鱼雷射程后，布朗艇长升起潜望镜进行攻击前确认，发现"贝尔格拉诺将军"号右舷有两艘驱逐舰护航。布朗艇长随即改变攻击方案，下潜到大深度并高速机动到敌编队左舷。18时57分，"征服者"号核潜艇再次占领了"贝尔格拉诺将军"号巡洋舰左舷90度、距离1300米的攻击阵位。由于攻击距离较近，为了稳妥起见，布朗艇长并没有使用先进的MK-24型主/被动声呐制导鱼雷，而是使用了3枚早在二战时期就装备部队的MK-8型热动力直航鱼雷，显然布朗艇长对二战中屡立战功的MK-8型更为信任。19时01分，一枚鱼雷在"贝尔格拉诺将军"号舰艏锚链舱和弹药舱之间爆炸，"贝尔格拉诺将军"号龙骨被炸断，1分钟后，又一枚鱼雷命中"贝尔格拉诺将军"号左舷中后部，海水迅速灌入舱内，最后一枚鱼雷撞到了护航驱逐舰的龙骨上。震耳欲聋的两声巨响和剧烈震动过后，"贝尔格拉诺将军"号的舰员仿佛进入一场噩梦，不到20分钟，"贝尔格拉诺将军"号倾斜30度，在浓烟烈火中下沉。30分钟后，舰长邦佐上校下令弃舰，全舰陷入混乱之中，邦佐舰长打着手电筒声嘶力竭地指挥幸存者逃生，他让大家尽量穿上大衣，带足干粮，15人坐一条救生艇，又过了45分钟，"贝尔格拉诺将军"号翻沉坠入南大西洋4000米深的海底。全舰官兵共1040人，700余人获救，323人丧生。

布朗艇长感受到了远处传来的爆炸冲击波，为避免遭受阿护航驱逐舰的袭击，立刻下令潜至大深度全速撤离交战海区。在飞来横祸面前，两艘护航驱逐舰方寸已乱，没有组织起有效的反潜行动，转而展开对

落水舰员的营救。"征服者"号高速行驶一个小时后升起天线，向潜艇指挥部报告攻击成功，安全撤离。

"征服者"号核潜艇受到英国海军部的通令嘉奖，布朗艇长获得国防部颁发的勋章，"征服者"号成为第一艘击沉水面舰艇的核潜艇被载入史册。这次战斗是马岛战争中最具决定性的一次军事行动，使英国达成了意想不到的战略意图，"贝尔格拉诺将军"号被击沉彻底摧垮了阿根廷海军的战斗意志，使海军官兵产生了严重的畏战心理，直接导致阿根廷海军其他舰艇撤出战斗，躲在港口避战不出，主动放弃马岛周边海域制海权。

海湾战争中的潜艇战例

1990 年 8 月 2 日，海湾战争爆发，伊拉克部队攻入科威特。8 月 8 日，伊拉克正式宣布吞并科威特，将科威特划为伊拉克第十九个行政省。西方国家逐渐看清伊拉克的野心不止于科威特，海湾地区最重要的石油输出国之一的沙特阿拉伯很可能成为其下一个目标。为此，联合国安理会和阿拉伯联盟就这场地区冲突发布了一系列决议，最重要的一份是 1990 年 11 月 29 日发布的联合国安理会第 678 号决议，要求伊拉克于 1991 年 1 月 15 日之前撤出科威特，否则将采用一切必要手段令伊拉克撤军。

鉴于伊拉克拒不执行联合国系列决议，美国组织了支援科威特政府的 34 国反伊军事联盟，规模达 66 万人，其中美军占 74%。1991 年 1 月 12 日美国国会正式授权美军将伊拉克军队逐出科威特，这标志着二十世纪末最后一场大规模现代化局部战争进入倒计时。

1991 年 1 月 17 日当地时间凌晨 3 时，以美国为首的多国部队对伊拉克发动代号为"沙漠风暴"的作战行动，主要作战样式为对伊拉克实施全面空中打击。开战首日，美海军从位于波斯湾和红海的战列舰、巡洋舰和驱逐舰等 7 艘军舰上共发射了"战斧"式巡航导弹 116 枚，袭击了巴格达附近 16 个军事目标，美海军后续对巴格达附近的 100 多个目标又发射了"战斧"式巡航导弹。整个战争期间，美海军 16 艘水面舰艇、2 艘潜艇累计成功发射"战斧"式巡航导弹 282 枚，其中有 64% 是在战役打响后的 48 小时内发射的。

1 月 19 日，美海军部署在红海海域的洛杉矶级攻击型核潜艇"路易斯维尔"号按照空袭作战计划，向巴格达地区目标发射了 5 枚"战斧"式巡航导弹。2 月 6 日，同属洛杉矶级的攻击型核潜艇"芝加哥"号再次向巴格达地区目标发射了 3 枚"战斧"式巡航导弹。虽然在整个联合火力打击中美国攻击型核潜艇发射"战斧"式巡航导弹只占零头，仅 2 个波次 8 枚，但却是有史以来首次以潜艇为平台发动对陆攻击，"路易斯维尔"号核潜艇成为第一艘实施潜对陆打击的核潜艇。这次行动充分验证了潜艇不仅能够与海军兵力配合实施联合作战行动，也能够与其他兵种配合实施对陆联合火力打击。潜艇具备突出的隐蔽性优势，有利于达成对陆联合火力打击的突然性。此后，世界军事强国在攻击型核潜艇的发展中，对陆打击能力成为一个重要选项。

美军"战斧"式巡航导弹能够从海上、水下、空中等平台发射，对敌陆上或水面目标实施远程精确打击，相比有人驾驶战机进入敌防空区可能被击落的高

"路易斯维尔"号攻击型核潜艇。

风险，"战斧"式巡航导弹能够以超低空的方式更有效地突破敌严密设防区域，该导弹可以搭载常规弹头，也可以携带核弹头。

在海湾战争中，美海军主要使用两种型号的"战斧"式巡航导弹实施对陆攻击：一种是搭载 454 千克高爆炸药战斗部的 BGM-109C，主要用于破坏敌指挥与控制系统、防空系统等重要陆上目标；另一种是搭载有了母弹头的 BGM-109D，弹头内设有 24 个小炸弹舱，爆炸时撒播出 166 个复合效应的小型炸弹，发挥穿甲、破片杀伤与燃烧等作用，主要可用于打击陆地面目标，

能够有效破坏机场与防空阵地等目标。"战斧"式巡航导弹在海湾战争中发挥了重要作用，几乎承担了昼间打击巴格达市中心的所有任务。

"战斧"式巡航导弹在战争中优异的表现与其采用的先进技术密不可分。其制导方式采用惯性 + 地形等高线匹配 + 数字式景象匹配的复合制导模式，即初始阶段采用惯性导航，中段采用地形等高线匹配制导，末端采用数字式景象匹配制导。在地形等高线匹配方面，采用雷达高度表在沿航路预定地段产生地形轮廓，将这些地形轮廓与制导计算机中的基准面进行比对，

"战斧"式巡航导弹。

以确定是否需要进行飞行校正。地形等高线匹配的每次修正，提高了导弹的飞行精度。在数字式景象匹配方面，当该制导装置工作时，产生自然地貌与人造地貌的数字式景象，并将其与计算机内存储的景象进行对比，在末端寻的制导阶段，引导导弹直接命中目标。数字式景象匹配制导精度超过地形等高线匹配的制导精度。据称，有此末制导装置的"战斧"导弹，其最终圆概率误差可控制在9米以内。

潜艇的轶事点评

德国"U-505"号潜艇被俘获事件

第二次世界大战初期，德国潜艇的"狼群"在大西洋战场横行肆虐，盟军为此遭受了惨重损失。美军认真总结经验教训，不断完善护航船队体制，大力发展反潜武器，加强反潜战术研究，逐渐扭转了战场的不利态势，大西洋逐渐成为德军潜艇的坟场。战争期间，被美国海军击沉的德国U型潜艇多达数百艘，但是，被俘虏的潜艇仅有一艘，那就是德国的"U-505"号潜艇。

"U-505"号潜艇是德国IXC型远洋潜艇，1940年6月12日在汉堡的德意志造船厂铺设龙骨，编号295，1941年5月25日下水，并在同年8月26日正式服役。被俘前共执行11次巡逻任务，击沉舰艇8艘，累计排水量44962吨，其中，美国3艘，英国2艘，挪威1艘，荷兰1艘，还有哥伦比亚1艘，这样的战果在当时的德国海军潜艇部队中，成绩并不突出。

1944年3月16日，"U-505"号潜艇在艇长兰格指挥下，从法国西部布雷斯特港驶向西非海域，执行第12次巡逻任务，等待它的是盟军"海狼猎手"。

1944年5月15日，第22.3特混舰队从美国弗吉尼亚州的诺福克港出发，特混舰队由"瓜达尔卡纳尔"号护航航母和"皮尔斯伯里"号、"教皇"号、"弗莱厄蒂"号、"夏特兰"号及"詹克斯"号5艘驱逐舰组成，"瓜达尔卡纳尔"号舰长丹尼尔·加勒里上校任特混舰队指挥官。

第22.3特混舰队具有丰富的反潜作战经验。1944年1月16日，"瓜达尔卡纳尔"号上第13混合航空中队飞机，在亚速尔群岛西北海域，成功地击沉了补充燃料的"U-544"号潜艇。4月9日，在卡萨布兰卡外围1046千米处，编队驱逐舰用深水炸弹将德军王牌潜艇"U-515"号逼出水面，新组建的第58航空中队反潜机用火箭弹将其送入海底。4月10日，"瓜达尔卡纳尔"号上的TBM"复仇者"式鱼雷攻击机，用火箭弹和航空深水炸弹将"U-68"号潜艇击沉。第22.3特混舰队返航补给过程时，丹尼尔·加勒里上校与驱逐舰舰长们通话，表示想改变反潜攻击战术，如果机会允许的话他想俘虏一艘德军潜艇。

1944年6月4日，在非洲海岸以西240千米处，第22.3特混舰队终于逮到了梦寐以求的机会。上午11时09分，第22.3特混舰队发现了"U-505"号。此时，美军"夏特兰"号驱逐舰的右舷舰艏距目标仅700米左右，"夏特兰"号全速接近目标，此时，"瓜达尔卡纳尔"号全速航行，舰载F4F"野猫"式战斗机和TBM"复仇者"式鱼雷攻击机准备升空作战。

由于"夏特兰"号距离"U-505"号较近，在驶过潜艇上方前先投放刺猬弹，之后使用 3 枚 20 米定深深弹进行攻击。这时，一架升空的美军飞机目视到了"U-505"号位置，同时开火予以标记，"夏特兰"号迅速向该区域投掷了深水炸弹。盘旋在上空的飞行员很快就通过无线电呼叫："你看到油迹了吧？潜艇浮出水面了！""夏特兰"号驱逐舰发动首轮攻击便将"U-505"号重创，不到 7 分钟，"U-505"号在离美军驱逐舰 600 米外浮出了水面。"夏特兰"号与特混舰队的其他战舰和空中的 2 架飞机一起朝德军潜艇猛烈开火。

"U-505"号潜艇艇长兰格确定本艇已经严重受损后，被迫下令弃艇。但是命令下达过晚，潜艇通海阀没有及时打开，艇长兰格试图凿沉潜艇的计划没能达成。由于船舵受损，发动机还在运转，失控的"U-505"号以大约 7 节的速度转圈，看到"U-505"号向自己驶来，"夏特兰"号舰长下令对失控目标发射鱼雷，但鱼雷偏航与"U-505"号擦肩而过。

"夏特兰"号和"詹克斯"号对敌军的幸存者实施了营救，并派遣8人组成的小分队登上了"U-505"号指挥塔，经排查艇上除德军一级信号员——戈特弗里德·费舍尔的遗体外空无一人。小分队缴获了"U-505"号上的航海日志和"恩尼格玛"密码机的密码本，拆除了可能炸沉潜艇的爆破炸药，关闭了通海阀和发动机，控制并排出了舱室进水，使潜艇能够继续漂浮在海面上。

三天后，美军"瓜达尔卡纳尔"号护航航母将拖带的"U-505"号转交"阿布纳基人"号拖船。6月19日，经过 3150 千米的远距离跋涉，"U-505"号进入了百慕大群岛的港口。在严格保密的情况下，"U-505"号

博物馆中的"U-505"号潜艇。

接受了细致全面的"体检"，盟军收获颇丰。艇上完整的技术文件为后续潜艇的设计研发提供了宝贵借鉴，缴获的密码机、密码本和破译的电文，加速了盟军破译德国潜艇密码的进程，同时缴获的德国声自导鱼雷，属于当时世界上最先进的武器。

随后，"U-505"号被作为靶船，进行了一系列抗打击试验，所幸未被击沉。1954 年，在格雷上校的建议下，美国芝加哥工业和科学博物馆筹集了 25 万美元的经费，把废弃的"U-505"号买了下来，这艘在二战期间被美军俘虏的德国"海狼"，作为展品陈列至今，接受来自世界各地游客的参观。

美国"长尾鲨"号核潜艇沉没事故

"长尾鲨"号是美国 20 世纪 60 年代初装备的新型核潜艇，是当时世界上航速最快、安静性最好的一型核潜艇，专门用于侦搜和攻击苏联潜艇。该型潜艇采用改进型钢材，安装了新型主 / 被动声呐，还搭载了新型反潜导弹，可以说一时间风光无限，然而耀眼

光环的背后却潜藏着危机。

1961年5月，"长尾鲨"号在试验验收过程中，发现耐压艇体强度不足而未作深潜试验。1962年6月5日，该艇与拖船发生碰撞事故，造成长达1米的耐压艇体裂缝。为此，服役不久的"长尾鲨"号于1962年7月16日在美国朴次茅斯海军船厂进行第一次大修。

大修中，"长尾鲨"号暴露大量问题，这似乎已折射出"长尾鲨"号未来悲惨的命运。这些问题包括：1. 改装厨房废物抛出装置时对耐压艇体进行破坏性切割；2. 高压气系统不符合要求；3. 部分液压系统指示器与实际"开""关"动作相反；4. 潜望镜升降装置指示标志与实际"升""降"运动相反；5. 空气系统截止阀漏气，系泊试验曾因空气系统故障而中断；6. 鱼雷发射管前盖失灵等。

大修后，"长尾鲨"号进行了数百项试验，还有12项试验将通过潜艇航行完成。但由于修理过程中缺

"长尾鲨"号攻击型核潜艇。

少严格检验，一些隐患没有被发现和消除。

1963年4月9日，"长尾鲨"号从朴次茅斯军港出发，进行大修后的第一次深潜试验。这次任务共有129人参加，其中军官12名、水兵96名、潜艇部队参谋军官1名、船厂军官3名、船厂文职官员13名、海军军械工厂技术专家1名以及民用承包商代表3名。

按照美国海军条例规定，任何潜艇在试航期间必须由一艘合适的水面舰艇护卫，这项任务由"云雀"号潜艇救援舰承担，该舰配备的潜水钟能够对深度260米内的失事潜艇提供救援。

4月9日下午，"长尾鲨"号顺利完成两次下潜试验，与"云雀"号约定次日早晨在科德角以东约200海里区域会合，继续进行深潜试验。15时，"长尾鲨"号下潜向会合地点航渡。

4月10日6时35分，海面平静，风速7节，"长尾鲨"号浮至潜望深度与"云雀"号取得联系。1小时后，"长尾鲨"号深潜各项准备工作就绪。

7时47分，"长尾鲨"号开始向试验深度下潜；

7时52分，"长尾鲨"号位于120米深度，暂停下潜，对海水渗漏情况进行例行检查，并向"云雀"号报告情况正常；

8时09分，"长尾鲨"号潜至试验深度的1/2处（约198米），并向"云雀"号报告情况正常；

8时25分，"长尾鲨"号潜至试验深度；

9时02分，"长尾鲨"号低速航行转弯，并向"云雀"号报告航向90度，此时，可能由于海水跃变层的原因，水下电话通信质量明显变差。

9时09分，"长尾鲨"机舱管路发生破裂，舱室

弥漫水雾,艇员实施堵漏,艇长哈维立刻命令围壳舵满舵,全速上浮,向主压载水舱供气。但高压气快速膨胀,导致管路迅速冷却,保护活动阀门的滤器几秒钟之内发生冻结,高压气管路阻塞,向压载水舱供气停止。舱室进水引发短路,导致反应堆停堆,潜艇失去动力。艇长哈维迅速命令将推进系统切换至蓄电池和推进电机,并组织舱室损管堵漏。哈维清楚地知道只有控制住进水才可能重新启动反应堆,启动过程至少需要7分钟。

9时12分,"云雀"号与"长尾鲨"号进行水下电话例行通信检查,没有得到回应。此时,"云雀"号还没有意识到"长尾鲨"号发生事故。

9时13分,"长尾鲨"号艇长哈维通过水下电话报告状态,通信含糊不清,但能分辨部分语句:"遇到点小麻烦……有艇倾……"。潜艇由于机舱进水变得越来越重,继续下沉,向压载水舱供气的尝试由于结冰再次失败。此时,"云雀"号舰员听到了扩音器中"长尾鲨"号艇体内高压气发出的嘶嘶声。

9时14分,"云雀"号迅速回复:"收到!",并进一步等待潜艇信息更新。"云雀"号向"长尾鲨"号发送了"区域内无接触"的信息,使其必要的情况下能快速浮出水面,不用担心发生碰撞。

9时15分,"云雀"号询问"长尾鲨"号的意图:"我舰航向270度,报告你艇距离和方位。"舰长赫克少校通过水下电话询问:"还在掌控之中吗?"

9时16分,"云雀"号收到来自"长尾鲨"号的错乱信号,在航泊日志上记录为"900N"(这条消息的含义不清楚,据推测有可能表示潜艇的深度和航向,

也有可能是海军的特别代码,900表示潜艇失事,N表示对赫克少校"还在掌控之中吗?"询问的否定回答)。

9时17分,"云雀"号收到第二条信息,识别出部分语句"……超过试验深度……",潜艇掉深使破损管路泄漏的水压进一步增大。

9时18分,"云雀"号探测到具有内爆特征的高能量、低频噪声。

9时20分,"云雀"号继续呼叫"长尾鲨"号,尝试了无线电、烟幕弹等各种能想到的办法,但始终没能取得联系。

11时04分,"云雀"号向大西洋舰队潜艇指挥官报告:"与'长尾鲨'号失去联系。采用水下电话语音和CW、QHB等方式呼叫,但均未成功。最后一次收信为乱码。可能意味着'长尾鲨'号超过试验深度,仍在扩大搜索范围。"

11时21分,再次联系无果,舰长赫克启动"潜艇失联事件提交"机制。

12时45分,新伦敦核潜艇部队司令部终于收到"云雀"号的信息,并立即发布警报,命令附近所有船只全速驶向"长尾鲨"号失联海域,潜艇立即浮出水面,水下舰队力量直接加入搜索行动。

15时40分,仍然没有"长尾鲨"号的消息。基本认定潜艇遇难。美国海军作战部长安德森上将得知这一不幸事件后,将电报发送给肯尼迪总统。

接近黄昏的时候,"长尾鲨"号失事水域发现一大片油迹,在油迹周围搜索又发现几块软木和几片黄色塑料,后经证实为核潜艇中使用的材料。

4月11日早晨,安德森上将宣布"长尾鲨"号沉没,

在回答记者提问时，他向公众保证该海域不会有放射性污染的危险，并称不清楚在该艇沉没时是否有苏联水面舰艇或潜艇在其附近。与此同时，大西洋美国潜艇部队副司令拉梅奇少将接管对该艇残骸搜索的指挥。

潜艇失事当天成立了失事调查委员会，由海军学院院长伯纳德·奥斯汀中将担任委员会主席，前大西洋舰队潜艇部队司令达斯皮特少将作为助手。4月20日调查报告认为，机舱大量进水是"长尾鲨"号沉没最可能的原因。此后，随着遗骸不断被发现并打捞出水，事故原因逐渐清晰。

"长尾鲨"号事故根源是当时的美苏军备竞赛，潜艇采用快速便捷建造方式，疏忽了质量管理，最终酿成悲剧性后果。该起事故使美国海军痛定思痛，对潜艇的建造流程、安全措施以及后勤保养进行了全面改进：①管路不再采用溶银焊接工艺；②加大压载水舱高压气供气口直径，使供气速率较以往提高7倍左右，确保潜艇在大深度状态时能够快速上浮；③增加液压辅助机械，确保失去电力时能在控制中心通过液压方式关闭重要阀门；④控制舱内空气湿度，以免水汽结冰；⑤在控制室明显的位置安装和标示用于紧急上浮的备用机械控制装置。

此外，美国海军也改变了重视潜艇出勤率而忽略检测维修的态度，还专门研发了深海救难载具。时至今日，美国海军核潜艇再没发生过沉没事故。

俄罗斯"库尔斯克"号核潜艇沉没事故

2000年8月10日至13日，俄罗斯北方舰队在巴伦支海域组织联合作战训练，参演兵力包括9艘水面舰艇、6艘潜艇、9艘辅助船、22架飞机、11架直升机，以及10支海岸部队。演习分为两个阶段：第一阶段进行兵力预演，第二阶段主要进行编队兵力联合摧毁敌舰的演练。"库尔斯克"号核潜艇作为参演兵力担负向"敌舰"模拟攻击的任务。

8月12日，"库尔斯克"号进入演习待定区域，计划于11时30分至13时30分之间发射2枚操雷实施攻击，但是"库尔斯克"号的攻击行动"爽约了"！

"彼得大帝号"巡洋舰和护航舰队穿越"库尔斯克"号待机区域，并于8月12日15时以前驶离，期间采用多种方式不断呼叫"库尔斯克"号，但是直到17时左右，依然没有收到"库尔斯克"号例行报告。

按照条令规定潜艇四小时失联即启动应急救援程序。8月12日17时29分左右，北方舰队作战值勤人员接到海军中将米哈伊尔·莫察克的命令，指示"米哈伊尔·卢德尼茨基"号防险救生船在一小时之内做好出航准备。23时30分，北方舰队司令波波夫上将任命博亚尔金中将为搜救工作总指挥，救援行动随即展开，调用兵力包括12艘水面战舰、21艘救生船、6架直升机、5架伊尔－38型飞机，此外，还有2艘挪威的潜艇和1台专用的海事救生器。

8月13日3时21分，"彼得大帝"号巡洋舰声呐探测到海底异物，后经证实为沉没的"库尔斯克"号，沉没点位于水下108米，北纬69°40'，东经37°35'，距离谢维尔摩尔斯克约135千米。10时，第一艘救援船赶往出事地点展开营救。11时，俄罗斯海军首次对外发布"库尔斯克"号失事的消息。

"库尔斯克"号失事后，引发世界各国关注。外

"库尔斯克"号核潜艇。

界对"库尔斯克"号沉没事故的原因众说纷纭，主要集中为三种观点：第一是触雷爆炸；第二是与舰艇发生碰撞；第三是本艇发生爆炸。前两种观点没有得到足够的证据支持，官方最终认定为本艇爆炸。

根据事后披露，8月12日11时28分，挪威地震台测到里氏2.2级震动（相当于100~250千克TNT爆炸威力），100多秒后，再次测得里氏3.5级震动（相当于1~2吨TNT爆炸威力），震源方位与"库尔斯克"号失事海域相符。综合各方资料，"库尔斯克"号核

潜艇很可能是发生了热动力鱼雷爆炸，爆炸导致的火灾进一步使多枚鱼雷殉爆，进而造成了无法挽回的灾难，事故过程推断如下：

8月12日11时28分26秒，"库尔斯克"号位于潜望深度（不超过20米）准备发射外号"胖子"的操雷（650毫米），这时4号发射管中的鱼雷过氧化氢燃料发生渗漏，过氧化氢液体与一小块铁锈接触，体积瞬间膨胀5000倍，巨大的压力导致鱼雷外壳破裂并压破鱼雷中的煤油箱，高热蒸汽引燃煤油，过氧化氢释

放出的氧气助长了煤油的火势，鱼雷舱发生第一次爆炸。爆炸导致第一隔舱的全部艇员当场死亡，舱内烧成一片火海，舷间区域严重受损，4号鱼雷发射管彻底毁坏，2号鱼雷发射管部分受损，海水从发射管的破洞涌入潜艇第一隔舱，"库尔斯克"号"大头朝下"坠向海底。

11时30分44秒，舱室大火引起温度急剧上升（鱼雷内部温度达到400摄氏度时弹头会发生自爆）、第一次爆炸形成的冲击波、鱼雷爆炸飞出的碎片、艇艏撞击海底等因素叠加，导致放置在第一隔舱鱼雷架上的战雷引信被触发，据估计在五分之一秒内，有7枚鱼雷殉爆。第二次爆炸比第一次更为猛烈，第一隔舱被彻底撕裂，在艇艏形成巨大的破洞，冲击波将一、二舱隔断炸毁，并冲向二、三、四、五隔舱，四舱内30名官兵瞬间被大火吞没，五舱内核反应堆控制台6位官兵也没能幸免，他们牺牲时还戴着氧气面罩，在几十秒至几分钟内，二至五舱艇员全部遇难。这次爆炸导致全艇指挥瘫痪，大量机械设备失灵，还可能造成了艇艉断裂，救生平台变形，舱室密封性丧失，海水大量涌入。

五舱与六舱之间的隔离门及时关闭，成功阻挡了凶猛的冲击波，使大火没能向六、七、八、九隔舱蔓延。但隔离门被炸得严重变形，海水通过五舱向六舱渗入。此时全艇尚有23名艇员幸存，他们没有因恐慌而失去秩序，六舱官兵在海军大尉阿尔亚波夫的指挥下，采取了正确的处置措施，关闭并冷却了核反应堆，保证了核反应堆的密封性，他们对岗位的坚守避免了后果更为严重的核泄漏。随着涌入五舱的海水越来越多，官兵们只好向艇艉撤离，在转移过程中，他们依次关闭六、七、八、九隔舱门，并将放置在第六至第八隔舱内的所有救生设备全部转移至第九隔舱，目前尚不能准确判断23名艇员继续与死神抗争了多久，但是他们最终没能等到救援来临的那一天，"库尔斯克"号艇员全部遇难。

2000年10月至2002年3月期间，共打捞出115具尸体和尸体残骸，分别交由亲属安葬，另有3人在事故中粉身碎骨，找不到遗骸。

针对"库尔斯克"号失事原因的事故分析，进行了2000多项调查，讯问了1200多名证人，检查了8000多件物品（包括相关文件以及打捞出的武器残片和结构），其中200多件被认定为物证。

调查认定，北方舰队领导和其他人员在"库尔斯克"号核潜艇投入使用、参与演习的准备过程中，在培训艇员和组织、开展搜救行动的过程中，所违反的规定与潜艇失事和艇员遇难没有因果关系，"库尔斯

打捞出水的"库尔斯克"号核潜艇。

克"号核潜艇事故原因的其他猜测均没有得到调查结论的支持。尽管"库尔斯克"号核潜艇事故损失惨重，但是没有人被追究刑事责任。

英国"前卫"号核潜艇与法国"凯旋"号核潜艇相撞事件

2009 年 2 月的一则新闻轰动世界，英国"前卫"号弹道导弹核潜艇与法国"凯旋"号弹道导弹核潜艇在大西洋中部执行各自任务时发生碰撞。按照"前卫"号额定艇员 135 名，"凯旋"号额定艇员 111 人的标准计算，当时两艘潜艇上有 200 多名官兵，两艘潜艇上都搭载有潜射弹道导弹，数量均为 16 枚。据英国《独立报》报道，英国"前卫"号与法国"凯旋"号核潜艇相撞时各携带的弹道导弹，总爆炸威力是广岛原子弹的 1248 倍，这次碰撞被"核裁军运动"主席凯特·哈德森认为是"最高级别的核噩梦"，也是冷战结束后首次核潜艇相撞事件。

据估计，碰撞时间发生在 2 月 3 日至 4 日之间。事故发生后，英国"前卫"号核潜艇被拖船送回苏格兰法斯兰基地进行维修，法国"凯旋"号则自行驶回位于法国西北海岸布雷斯特附近的海军基地进行专业修复。有图片显示，"前卫"号艇体上有明显的伤痕，"凯旋"号声呐罩遭到重创。

尽管英法两国在事故发生后一直保持密切联系，正如一名英国军方官员所称："伦敦和巴黎之间的电话线都发烫了"，但双方对此次事故的表态都显得讳莫如深。

碰撞事故令英国海军的处境雪上加霜，因为这是继 2007 年 3 月 21 日 "不懈"号核潜艇发生爆炸后又一次严重事故。当时，"不懈"号正在北冰洋与美国海军举行联合军事演习，艇上空气净化系统发生爆炸，导致 2 名水手死亡。碰撞发生后，英国皇家海军拒绝评论碰撞事件，一位发言人含糊其辞地表示，英国海基战略威慑能力没有受到影响，潜艇核安全未受损害。在媒体"穷追猛打"的质疑声中，英国皇家海军参谋长乔纳森·班德才不得不公开证实的确发生了相撞事故，但对事故原因依旧保持沉默。英国皇家海军一位高级官员表示，事故引发的风险不容忽视，尽管尚没有证据表明核武器和核装置在碰撞中受损，但发生核泄漏的可能性不能排除。

2 月 6 日，法国国防部向媒体透露"凯旋"号数天前在水下撞到不明物体，初步判断可能是沉在水中的集装箱。2 月 16 日，英国皇家海军披露撞击事件后，法国国防部自觉"纸里包不住火"，才不得不发表了简短措辞，承认法国"凯旋"号弹道导弹核潜艇与一艘英国弹道导弹核潜艇数天前在水下巡逻中发生"短暂接触"。

最令外界困惑的是——在茫茫大西洋之中，两艘潜艇为何能相撞？一位法国海军官员称，这是"凯旋"号弹道导弹核潜艇在 400 多次巡逻中首次出现类似事故。法国《解放报》资深军事记者让·多米尼克·麦尔什认为，在浩瀚无边的大洋中，两艘高技术核潜艇相撞的概率大约在百万分之一，几乎不可能发生。英国《独立报》也援引消息人士的话称，相撞事故是"概率几乎为零的巧合"。

前卫级弹道导弹核潜艇。

凯旋级弹道导弹核潜艇。

综合分析各方面情况，事故原因主要有三个方面：

● **两艘潜艇具有良好的安静性**

2月17日，法国国防部长埃尔韦·莫兰在新频道电视台的一次访谈节目中表示，这是一次非常简单的技术事故。战略核潜艇的任务就是潜伏水下并且尽可能不被探测到，它们太安静了，所以无法发现对方而造成了此次事故。英国《卫报》对这次碰撞事件的调侃也从一个侧面反映了潜艇的安静性，"（相撞事件）传递出的好消息是，它证明英国核潜艇确实难以探测，坏消息是'前卫'号太难以探测了，以至于在大西洋和法国潜艇撞上了"。

英国核潜艇问题专家约翰·拉奇认为弹道导弹核潜艇在执行战备巡航任务中，会尽量关掉所有能够产生噪声的设备，隐匿自身的行踪。另外，两艘潜艇外部均敷设了消声瓦，进一步吸收了噪声，但可能面临的危险是，他听不见你，你也听不见他。

● **两艘潜艇均未开启主动声呐**

外界对装备了世界上最先进声呐系统的两艘核潜艇相撞大为不解，纷纷质疑潜艇用于探测周边环境的声呐系统为何不起作用，让两艘核潜艇"静悄悄地"发生碰撞。

军事专家约翰·派克在接受美国福克斯电视台采访中做出了回答，声呐系统有"主动声呐"和"被动声呐"之分，"主动声呐"相当于"黑暗中的闪光灯"，通过自身发出的声波探测海底物体，优点是探测距离远，对目标分辨率高，缺点是自我暴露，使潜艇的隐蔽性丧失，因此弹道导弹核潜艇在巡航任务中很少开启"主动声呐"。"被动声呐"自身不发出任何信号，只能够被动探测来自周边的噪声信号，其优点是保证了潜艇的隐蔽性，缺点是被动声呐探测准确性打了折扣。

● **两国未建立全面的情报共享机制**

美国《时代》周刊采访了朱利安·弗格森，他在2006年前曾担任英国前卫级弹道导弹核潜艇艇长。弗格森披露北约组织建立了一套情报共享系统用于交通管控，这一系统为美国、英国、挪威、荷兰和加拿大等国家服务，随时提醒成员国舰艇在任务区域内可能存在的盟友舰艇，从而避免盟国间军舰和潜艇相撞。过去10多年间，英法两国多次围绕核武器与核政策的有关信息交流进行军事磋商，但沟通依然不够，尚不清楚双方是否提及共享核潜艇位置。法国海军发言人热罗姆·埃吕兰接受《时代》周刊采访时证实，相撞发生前，法国没有将核潜艇位置通报北约，因为法国将自己核武库视为防御能力的最关键部分。

法国于1966年退出北约，虽然当时法国正积极重返北约，但碰撞事发前尚在多方磋商之中。法国与英国所属不同安全体系，彼此没有义务通报各自潜艇的部署位置，北约的"海上军事交警"角色在这次相撞事件中没能发挥"交通疏导"作用。

相撞事件发生后，尽管英法两国军方在声明中以"非常低速"、"接触"等措辞试图将该事故"轻描淡写"地蒙混过关，但两国国内要求展开调查的呼声高涨，尤其是引起两国国内反核人士的强烈反应。英国非政府组织"核裁军运动"表示，这是继2000年俄罗斯"库尔斯克"号核潜艇沉没后发生的最严重一起核潜艇事故。法国非政府组织"摆脱核武器"则指责法国国防部在英国媒体披露相关事件后才予以证实，意图隐瞒真相。

不幸中的万幸是碰撞既没有造成人员伤亡，也未造成核事故。但是，两国将不得不支付昂贵的维修费用，据保守估计，英法两艘核潜艇修理费用合计将高达 5000 万英镑，而这笔钱最终得由两国纳税人承担。

印度"辛杜拉克沙克"号潜艇爆炸沉没事件

2013 年 8 月 12 日，印度第一艘国产航空母舰"维克兰特"号在南部的科钦军港正式下水，极大地鼓舞了印度海军的斗志和信心。印度全国各大媒体也纷纷宣传其成为继美、俄、英、法之后又一个能够自行建造航母的军事强国，正式加入"航母俱乐部"，整个国家都沉浸于喜悦之中，热烈庆祝印度海军史上这一里程碑式的高光时刻。然而，两天后印度海军"辛杜拉克沙克"号潜艇爆炸沉没犹如晴天霹雳，将印度从"梦"中唤醒。

2013 年 8 月 14 日凌晨，孟买戈拉巴海军码头传出两次巨大的爆炸声，震耳欲聋的爆炸声使人们从睡梦中惊醒，周边居民看到码头火光冲天，浓烟四起，停靠在码头的"辛杜拉克沙克"号潜艇已经被火光和浓烟笼罩。印度紧急出动十几辆消防车进行灭火，经过 3 个多小时的奋战终于控制住火势，但潜艇被爆炸和大火严重损毁，在艇内执勤的 18 名官兵随着"辛杜拉克沙克"号潜艇一同沉入大海。

"辛杜拉克沙克"号是印度从俄罗斯购买的基洛级柴电潜艇。基洛级是当今柴电潜艇中的佼佼者，因

"辛杜拉克沙克"号潜艇在俄罗斯进行现代化改装。

其良好的安静性被称为"大洋黑洞"。从 1986 年到 2000 年，俄罗斯为印度先后建造 10 艘基洛级潜艇，"辛杜拉克沙克"号于 1997 年在俄罗斯圣彼得堡"海军上将"造船厂开始建造。

"辛杜拉克沙克"号潜艇服役后可谓命运多舛。2008 年 1 月，在年度联合军事训练期间，"辛杜拉克沙克"号与一艘商船发生碰撞，事后进行了为期一个月的维修。2010 年 2 月 26 日，"辛杜拉克沙克"号在印度维沙卡帕特南海军基地进行日常维护，电池突然冒烟引发火灾，造成一名技师死亡、两人受伤，潜艇几乎丧失战斗力。"辛杜拉克沙克"号连续发生意外促使印度考虑将其送回俄罗斯改造升级。2010 年 8 月，印俄签署合同，"辛杜拉克沙克"号送回俄罗斯造船厂"重获新生"。2013 年 4 月，改造升级后的"辛杜拉克沙克"号通过试验试航，重新回到孟买的海军基地。然而重金换回的潜艇还没等派上用场就"翻身掉入水晶宫"，损兵折将不说，大把的改造升级经费又"打

了水漂"。

"辛杜拉克沙克"号沉没后，印度军方马上组织救援，但是爆炸和火灾导致潜艇严重损毁变形，救援工作面临重重困难。开始救援的十几个小时，由于舱门被高温熔化变形、舱内水温过高等问题，使潜水员难以进入舱内，救援队伍只能使用大型抽水泵为舱室排水，但效果不理想。

16日上午，救援队伍从艇内打捞出第1具艇员遗体。由于大火灼烧，死者身体严重变形，面部难以辨认。当天，又陆续打捞出3具艇员遗体，均被送往艾斯维尼海军医院做DNA身份鉴定。19日，救援队再次从沉没潜艇中打捞出3具遗体。经过救援队的不懈努力，终于将散落在舱中的其他11名艇员的遗体打捞出水，遗体被送到了附近的医院进行解剖，根据法医陈述，遇难艇员死于火灾和溺水，身体严重受损，面部辨认不清。

事故调查在印度国防部长安东尼的亲自过问下推进，调查小组对潜艇爆炸沉没的原因进行了多种假设。最初的推断是"辛杜拉克沙克"号潜艇内部两枚鱼雷发生爆炸，其中一枚射出，导致与之相邻的另外一艘基洛级潜艇受损。也有人推断是潜艇更换电池过程中出现故障导致起火，进而引发弹药爆炸。此外，还有人提出了"电池充电过程中氢气泄漏""技术故障""遭人暗中破坏"等说法，不过上述推断很快被否定。

调查小组从艇内发现的导弹和发射器碎片，揭开了事故的真正原因。由于"辛杜拉克沙克"号潜艇升级改造后回国时间较短，在艇上的执勤艇员为尽快摸清新设备，积极开展新装备操作训练。然而欲速则不达，艇员在训练中没有严格遵守操作规程，导致"俱乐部"

潜射反舰导弹发生短路，造成一枚导弹飞向码头击伤相邻的一艘基洛级潜艇，另一枚导弹在鱼雷发射管内自爆，"辛杜拉克沙克"号成为第一艘用反舰导弹击沉潜艇的潜艇，也成为第一艘被反舰导弹击沉的潜艇，更是史上为数不多地将自己击沉的潜艇。

经过10个月的打捞，这艘沉没于海底的潜艇终于重见天日。随后印度将"身受重伤"的"辛杜拉克沙克"号送往俄罗斯北德文斯克船厂大修，然而耗资8000万美元，历时七个月，仍旧没能修好。印度海军只能将其拖回，弃置在孟买海军码头，作为海军突击队的训练平台。

2017年，在孟买海军码头停泊了三年多的"辛杜拉克沙克"号被赋予了新的使命。印度国防部组织的调查委员会认为"辛杜拉克沙克"号经历事故后已严重受损，不适合再航行及服役，建议将"辛杜拉克沙克"号潜艇退役。2017年6月，印度国防部将"辛杜拉克沙克"号上可用设备拆除提供给同型其他潜艇，并将

打捞出水的"辛杜拉克沙克"号潜艇。

其改造为靶艇，在阿拉伯海组织的一次实弹训练中击沉，海军官员告知《印度斯坦时报》，这艘艇已经在水深三千米的地方"得到了最后的休息"。

下一代潜艇发展方向展望

进入 21 世纪，网络信息、新材料、先进制造、先进动力等高科技技术的快速涌现，对提升潜艇性能发挥了重要的推动作用，潜艇的隐身、机动、侦察探测、攻击等能力均得到长足进步，在现代海战中的地位进一步巩固。恩格斯在《反杜林论》中指出："一旦技术上的进步可以用于军事目的并且已经用于军事目的，它们便立刻几乎强制地，而且往往是违反指挥官的意志而引起作战方式上的改变甚至变革。"现代潜艇的出现不仅将水下战场拓展为新的作战空间，也深刻改变了传统"巨舰大炮"的海战模式，经过一百多年的不断发展，现代潜艇不断在实战中证明自身的军事价值，世界各国海军对潜艇的作战运用和技术发展都给予高度关注，下一代潜艇发展方向成为各国海军不断探索和积极谋划的重大战略问题。下文将以"管中窥豹"的方式，以点代面介绍潜艇的主要发展趋势。

核、常动力技术的发展使潜艇更加"身强力壮"

核动力技术发展方向

目前世界在役的大多数核潜艇均采用较为成熟的加压水冷却反应堆（简称压水堆）技术，压水堆具有结构紧凑、体积较小、安全性高、操控性强等优势，在核潜艇动力装置中已经维持了半个多世纪的统治地位。有专家判断，压水堆在功率密度、堆心寿命、小型化、一体化等技术已经进入成熟期，各项技术指标接近发展极限，要进一步提高性能需要付出昂贵的代价。尽管压水堆有非常多的优点，但是压水堆热能转化效率并不够高，通常情况下为 30% 左右，这一问题成为制约其发展的门槛。为提高反应堆输出功率密度，各国开辟出了多条技术路径。

①新的反应堆冷却剂。苏联曾采用液态金属作为反应堆的冷却剂，获得了比压水堆更高的输出功率密度。80 年代初期，苏联采用了该技术建造的阿尔法级攻击型核潜艇，水下航速飙升至 41 节，但由于存在安全性等问题该技术没有进一步推广。高温气冷反应堆也颇具发展潜力，由于高温气冷反应堆的工作温度比压水堆和液态金属冷却反应堆都要高出许多，其热能转换效率可达 40% 以上，但由于其体积较大，目前核潜艇尚无法应用。

②新的热量交换模式。苏联在 20 世纪 80 年代中期，研制成功了"黄玉"型热离子空间反应堆。随后，90 年代初期美国也成功研制出了 SP100 型热离子空间反应堆。热离子空间反应堆具有小型化、质量轻、高能量密度的优点，甚至可以为人造卫星、空间站、太空探测器等太空装备提供动力，热离子空间反应堆的最突出优势是简化了反应堆的结构，取消了传统压水堆的一回路和二回路等热交换管路设备，直接将反应堆热能转化为电能，这将有效助力潜艇实现全电力推进，

一旦该项技术成熟可能带来反应堆技术革命性跨越。

常规动力技术发展方向

常规动力潜艇最大的弱点是水下续航力和自持力不足。由于蓄电池储能容量的限制，常规动力潜艇在执行任务中上浮水面为蓄电池充电成为"刚需"。在反潜兵力和反潜技术高度发达的现代化战争中，上浮水面充电对于潜艇来说显然是致命性的。因此，为了彻底摆脱常规动力潜艇对外部空气的依赖，加装 AIP 系统成为时代潮流，目前主要有闭式循环柴油机、斯特林发动机、燃料电池等三种技术方案。

① **闭式循环柴油机**。闭式循环柴油机与普通柴油机的主要差别是进排气系统，潜艇在水上航行使用开式循环，在水下航行使用闭式循环。闭式循环工况，柴油机燃烧所需氧气由携带的压缩液态氧或制氧剂提供，氧气中掺入氩气以及部分燃烧废气改善燃烧质量，柴油燃烧的热能通过活塞、曲轴转化为机械能，燃烧产生的废气从柴油机排出，温度 350~400℃ 的废气进入喷淋冷却器冷却至 100℃ 左右，废气中的水蒸气冷却成水、二氧化碳部分被喷淋海水吸收排出艇外，废气补充氩气重新与氧气混合再次进入柴油机循环，循环过程气体比例调整由电脑控制。闭式循环柴油机优点是柴油机通用性强、制造工艺成熟、寿命长，缺点是工作效率低、损失热量多、耗氧量大、噪声相对较高。

② **斯特林发动机**。斯特林发动机是一种闭式循环的外燃机，内部工质气体为惰性气体，惰性气体封闭在发动机内不产生热能，而是通过在冷热环境中热交换时发生热胀冷缩，进而带动活塞、曲轴运动。斯特林发动机在燃烧过程中没有柴油机爆燃的现象，燃烧过程比较平稳，因此振动与噪声相比闭式循环柴油机要小，但仍旧需要采取减振降噪措施，斯特林发动机燃烧方式为燃气再循环，氧化剂为纯氧，产生废气为高压废气，通常能够在水深 200 米内自主排放，不需要配备废气加压系统，此外，斯特林发动机还具有技术成熟、结构简单、成本较低、运行可靠等优点。斯特林发动机的缺点是功率密度低，油耗量高于普通柴油机，潜艇为达到较大功率需要配置多台斯特林发动机，占据艇内大量空间，这势必为潜艇总体设计带来沉重负担。

③ **燃料电池**。燃料电池是通过氧或其他氧化剂与燃料进行氧化还原反应，将化学能转化为电能的电池。目前在潜艇上得到应用的是氢氧燃料电池，电池主要由阳极、阴极、电解质和外电路构成。电池阳极的氢元素在催化剂的作用下分解为氢离子和电子，电子通过外电路到达阴极产生氢氧根离子，在电场的作用下，阴阳离子通过电解质发生化学反应释放电能，反应物只有水。燃料电池的优点是能量转换效率高，直接将化学能转化为电能，可以达到 70%~80% 的能量转换效率，由于能量转换中没有机械机构参与，直接消灭了潜艇的重要噪声源，而且燃料电池加工制造、维护保养相对简单方便。燃料电池的缺点是需要存储大量氢气，氢气在储运过程中流程复杂且危险性高。另外，燃料电池需要采用贵金属作为催化剂，使用成本较高。

采用 AIP 系统的常规动力潜艇不需要复杂的核技术，全寿命成本也比核动力潜艇有竞争力，因此，AIP 系统对世界上许多国家具有很强的吸引力，这一现实的需求牵引将促进常规动力潜艇 AIP 系统的迅速发展。

电子信息技术的发展使潜艇更加"耳聪目明"

探测技术发展方向

声呐是潜艇在水下航行中最重要的探测设备，用于测定水中目标性质、方向、位置等信息。潜艇声呐工作方式可分为主动声呐和被动声呐，从潜艇作战实际运用考虑，为保证潜艇的隐蔽性，被动声呐是最为常用的声呐，其中被动拖曳声呐、舷侧阵声呐具有良好的发展前景。

① **被动拖曳声呐**。通过拖曳声呐布放系统将声呐线阵释放于艇艉方向，声呐基阵不受艇体尺寸的限制，布放位置远离潜艇本底噪声，具有优异的远程探测能力。潜艇拖曳声呐对舱外电缆、声呐线阵的收放、储存系统具有很高要求，全光纤技术在拖曳声呐的应用将使声呐数据实时传输速率大幅提升，促进声呐探测分辨率的改进。但是，拖曳声呐收放过程中以及拖曳探测过程中潜艇的机动性受限。

② **舷侧阵声呐**。充分利用艇体长度布置声呐基阵，宽大的基阵可探测更远距离的低频信号。由于在潜艇舷侧多点布置，可直接测得目标方位，在探测中机动性不受影响，不存在对艇外设备的机械操作。但是舷侧声呐安装于艇体，受潜艇本底噪声影响较大，性能低于拖曳声呐。

对于近海防御型潜艇，还可以依托己方岸基、空基力量来共同构建水声探测体系，通过数据链将水面舰艇声呐，舰载直升机的吊放声呐、浮标声呐，水下警戒声呐与潜艇声呐共同纳入舰－机－岸－艇综合声

呐体系，推动潜艇在水下作战任务中发挥更大作用。

通信技术发展方向

潜艇通信系统是潜艇与岸上指挥所、任务协同兵力等进行信息传递、交换、共享的唯一手段。潜艇与外界通信的基本要求是准确、快速、隐蔽、保密，潜艇执行作战任务为避免暴露，通信面临的问题有：单向收信多，对外发信少，既难以将侦察到的战场态势信息实时回传后方或与协同兵力共享，也难以得到后方指挥所的实时指令，参与大兵力协同作战能力偏弱。由于海水对电磁波有衰减作用，部分对外通信不得不上浮至潜望深度，增大了潜艇的暴露概率。

① **大深度高速通信**。为突破潜艇在水下大深度能够实现高速双向通信这一难关，美国海军开展了相关项目的技术攻关，目的是克服潜艇在水下通信困难，获得实时性强、信息传输率高、可靠稳定的双向通信手段，通过技术攻关使弹道导弹核潜艇在发射导弹之前无须上浮至潜望深度待命，可以在水下更为安全的深度等待发射指令。从美海军的采购合同来看，此项技术很可能利用潜射、空射系留式通信浮标，以及能够进行音频到射频转换的网关浮标组网实现，潜艇通过声学通信数据链与网关联通，网关再与甚/特高频通信浮标联通，甚/特高频通信浮标与天基或空基联通入网，从而实现潜艇在大深度的高速通信，该技术还能够支持水面舰艇编队对潜协同、情报实时回传、特种部队作战等联合作战任务。

② **激光通信**。波长为 450~510 纳米的蓝绿光在海水中衰减较小，理论透射能力可达 600 米以上。而且激光还具有频带宽、传输速率高等优势，激光通信成

为深水高速通信新希望，美国和苏联海军曾将其列为重要攻关方向，取得的成果主要包括岸基、空基、天基三类系统。a.岸基系统，由岸上基地发出强脉冲激光束，经卫星反射至特定海域，星载反射镜既可将激光扩束为宽光束，覆盖较大范围海域，也可控制为窄光束，以扫描方式通信，该通信距离远，不容易被敌人截获，安全隐蔽，但实现难度大；b.空基系统，在飞机上安装大功率激光器，飞机在特定海域上空巡航并发射激光波束，与潜艇实现广播式通信，如果能将激光器搭载到高空长航时无人机上，则可长时间保持对潜通信，该方案实现难度相对小一些，验证成熟后可推广至天基系统；c.天基系统，在卫星上安装大功率激光器，并布设多颗卫星，地面基站对卫星传输指令，各卫星建立星间链路，处于最佳位置卫星与特定海域潜艇建立通信。综合来看天基系统是激光对潜通信的最佳体制，但实现难度很大。

综合隐身技术的发展使潜艇更加"隐迹潜踪"

潜艇最突出的特征是隐蔽性，潜艇的隐蔽性是通过一系列隐身技术来实现的，其中最为重要的是声隐身技术。随着反潜力量增强，反潜手段不断增多，潜艇还需要加强对雷达波反射、电磁、红外、尾迹等非声特征进行隐蔽。

声隐身技术发展方向

降低潜艇噪声主要按照查找噪声源、分析噪声产生机理、制订针对性措施的基本思路开展，未来国内

外减振降噪技术将以潜艇总体声学设计为先导，主要针对推进器、水动力、机械振动等三大噪声源进行攻关。①推进器降噪技术，主要通过优化螺旋桨设计，改进螺旋桨制造工艺来降低空泡效应，采用泵喷、磁流体等新技术推进器；②水动力降噪技术，主要通过优化艇型设计、减少弦外设备和艇体开口、喷涂特种涂层等方式，探索水动力噪声抑制技术；③机械振动噪声抑制技术，主要通过浮筏减振、挠性管路设计、结构噪声控制、有源噪声与振动控制等技术消减噪声传播。对于核潜艇可以优化反应堆设计，提高自然循环能力，减少主循环泵等机械设备使用，采用全电力推进，取消齿轮箱，从源头治理噪声。同时，应加强噪声监测与测试技术研究，为减振降噪技术发展积累基础数据、理论和方法。

非声隐身技术发展方向

非声隐身技术主要用于应对敌方的雷达、红外探测仪、磁探仪、尾迹探测设备等反潜手段。①雷达隐身技术，主要采用优化外形设计、采用复合材料和隐身涂料等方式，具体措施有指挥室围壳采用内倾设计并降低高度，升降装置采用流线型设计并使用复合材料，艇体关键部位喷涂隐身材料等；②红外隐身技术，主要采用降低红外辐射和抑制红外辐射等方式，具体措施有降低艇体温度与周边海域温度差，对潜艇排出艇外的废气、废水等进行海水冷却处理和分散排放；③电磁隐身技术，主要采用无线电静默和减低艇体磁场等方式，具体措施有严格限制雷达、通信天线等设备使用，择机使用极低频无线通信和战略卫星通信，

艇体采用低磁材料，安装消磁系统或定期消磁；④尾迹隐身技术，该技术与其他多项隐身技术高度相关，主要通过优化艇体设计、改进推进器设计、加大下潜深度、加装防羽流装置等措施降低尾迹。

水中武器技术的发展使潜艇更加"所向披靡"

水中武器是潜艇执行作战任务对敌发动攻击的"长矛和利剑"，是潜艇作战能力的突出体现。潜艇装备的武器种类和数量是由潜艇类型和其执行的任务决定的，同时潜艇的排水量和艇内布局对武器装备也产生了一定约束。总体来看，未来一段时期各类潜艇携带的武器仍然离不开潜射弹道导弹、潜射飞航导弹、鱼雷、水雷等种类。

潜射弹道导弹技术

潜射弹道导弹射程远、隐蔽性好、突防能力强、毁伤威力大，是核大国实施战略核威慑与核打击的中坚力量，但由于潜射弹道导弹具有技术门槛高、使用维护要求高、全寿命成本高等特点，使一些有核国家只能"望洋兴叹"，无力支持潜射弹道导弹装备部队。目前，世界上仅有美、俄、英、法、中、印六国部署了潜射弹道导弹。未来潜射弹道导弹发展仍旧面临一些传统问题：①高性能导弹动力技术，为增大导弹射程和运载能力，会继续加强对高比冲推进剂、高强度轻质材料发动机、轻质隔热材料等技术的攻关；②水下发射技术，重点针对水下点火精准控制、导弹出水姿态控制、水下变深发射等技术开展攻关；③分导式多弹头技术，进一步改进末段助推控制、多弹头再入、弹头小型化等技术，提升导弹命中精度和毁伤威力；④导弹延寿技术，潜射弹道导弹工作环境相比陆基井式发射导弹要恶劣得多，不仅有海上盐雾腐蚀，而且潜艇在潜浮过程中姿态调整对导弹也会造成影响，因此加强导弹延寿、可靠性、实时监测等技术研究，对改进导弹综合使用效益具有重要意义。

飞航导弹技术

潜艇发射的飞航导弹包括对陆攻击的巡航导弹和对舰攻击的反舰导弹，飞航导弹具有射程远、突防能力强、精度高、毁伤威力大等特点，飞航导弹技术发展主要聚焦在水下发射技术、发动机技术、制导技术等方面。①水下发射技术，传统上一般采用鱼雷发射管发射，为增加潜艇载弹量和饱和攻击能力，倾斜发射技术和垂直发射技术逐渐得到应用，水下发射技术复杂、难度大，导弹水中环境适应、水中弹道控制、出水识别、弹体与运载器分离等技术均有改进潜力；②发动机技术，潜射飞航导弹主要采用喷气发动机技术，助推器一般采用固体火箭发动机，发动机未来主要追求两项指标，通俗地讲就是"飞得远、飞得快"，飞得远必须降低油耗、提高效率，这就需要研发耐高温、质量轻、强度高的发动机材料，优化发动机结构设计。飞得快就要实现超声速，甚至是高超声速，目前比较热门的是冲压发动机、组合发动机等技术；③制导技术，目前导弹上普遍采用了复合制导技术，复合制导技术也是未来导弹制导发展的主要方向，对于飞航导弹中段制导可采用惯性、卫星、地形匹配等复合制导技术，末端制导可采用可见光、红外、雷达等复合制导技术，无论采用什么样的复合制导技术，其目的都是能够对攻击目标"看得清、跟得住、打得准"。

鱼雷技术

早期潜艇在装备了鱼雷之后才真正展现出作战威力，现代潜艇装备的鱼雷射程远、航速高、毁伤威力大、制导方式多样，是潜艇不可或缺的主战武器，鱼雷发展主要聚焦于三个方向，一是提升射程，二是提升航速，三是提升制导精度。①鱼雷动力技术，鱼雷动力系统主要采用热动力和电动力两种技术模式，热动力"爆发力"更强，重点追求速度优势，苏联研制出的"暴风雪"鱼雷航速高达 200 节，电动力鱼雷"耐久力"更强，随着储能技术快速发展，电动力鱼雷的射程可以更远；②鱼雷制导技术，最初的鱼雷属于直航雷，没有制导系统，随着舰艇机动性的提高，鱼雷出现了声自导、线导、尾流自导等制导方式，未来复合制导会全面取代单一制导方式，主 / 被动声自导、线导、尾流自导等制导方式可能会复合应用于一枚鱼雷当中。

水雷技术

水雷具有易布难扫、造价低廉等特点，主要有锚雷、沉底雷和特种水雷等种类，是海军最为古老的武器之一。水雷虽然古老，但是其封锁航道、阻滞敌方行动、毁伤敌方舰艇的作用仍不可小视。水雷的发展方向主要有以下方面：①高效毁伤技术，通过改进雷体结构、装填高能炸药等措施提升水雷攻击威力；②引信技术，将新型传感器、电子元器件、微型计算机、人工智能算法等最新的信息技术成果应用于水雷引信，提高目标识别、自主攻击、炸点控制、抗扫、抗干扰等性能。此外，水雷长期部署在海洋中，延长其使用寿命，确保长期稳定可靠工作也是值得深入研究的问题。

无人潜航器技术的发展对潜艇可能造成颠覆性影响

无人潜航器是能够搭载传感器和不同功能模块，执行多种任务的水下自主航行装备，能够用于水下科学考察、警戒、侦察、跟踪、监视、探雷、布雷、中继通信、隐蔽攻击等任务。近年来，无人潜航器技术得到快速发展，尤其值得关注的是大型无人潜航器多项关键技术得到验证，体积和排水量进一步增大，续航时间更长、搭载功能模块更多，携带武器数量增加，自主化程度进一步提高，未来在反水雷、情报侦察、反潜战、特种作战等方面还将取得更大的进展。无人潜航器未来技术发展的方向有：①模块化设计技术，能够适应多种任务需求，采用通用化、开放性的系统模块架构设计，根据任务不同对功能模块进行针对性替换，同时做好软件功能包的适配与扩展；②动力技术，为适应大航程、长航时的作战要求，将更加重视新型能源的技术开发，未来新型锂电池、燃料电池，甚至小型核反应堆等技术成熟后，均可能在无人潜航器中得到应用；③智能化自主航行技术，为适应未来智能化分布式作战的需求，能够完成自主航路规划、自主规避障碍、自主探测跟踪目标、自主战术机动等行动。因此，人工智能、自动驾驶、集群协同等技术的突破将为无人潜航器发展起到重要推动作用。